"十四五"国家重点出版物出版规划

[美]
龙安志
(Laurence Brahm)
中国政府友谊奖
中华图书特殊贡献奖

著

蒲跃林 译

气候经济与
中国生态

THE STORY
OF
ECOLOGICAL
CIVILIZATION

美国人亲历
中国生态文明建设
10周年

U0363054

中华工商联合出版社

图书在版编目（CIP）数据

气候经济与中国生态：美国人亲历中国生态文明建
设 10 周年 /（美）龙安志著；蒲昳林译 . -- 北京：中
华工商联合出版社，2024.3

ISBN 978-7-5158-3900-4

Ⅰ . ①气… Ⅱ . ①龙… ②蒲… Ⅲ . ①生态环境建设
－研究－中国 Ⅳ . ① X321.2

中国国家版本馆 CIP 数据核字（2024）第 050776 号

气候经济与中国生态：美国人亲历中国生态文明建设 10 周年

作　　者：[美] 龙安志（Laurence Brahm）
译　　者：蒲昳林
出 品 人：刘　刚
项目策划：薛红霞　吴永凯　冯小轩
责任编辑：于建廷　臧赞杰
特约编辑：陈　哲　黄庭霞　杨　晶
装帧设计：周　源
责任审读：傅德华
责任印制：陈德松
出版发行：中华工商联合出版社有限责任公司
印　　刷：北京毅峰迅捷印刷有限公司
版　　次：2024 年 5 月第 1 版
印　　次：2024 年 5 月第 1 次印刷
开　　本：710mm×1000mm　1/16
字　　数：240 千字
印　　张：13.25
书　　号：ISBN 978-7-5158-3900-4
定　　价：58.00 元

服务热线：010-58301130-0（前台）
销售热线：010-58302977（网店部）
　　　　　010-58302166（门店部）
　　　　　010-58302837（馆配部、新媒体部）
　　　　　010-58302813（团购部）
地址邮编：北京市西城区西环广场 A 座
　　　　　19-20 层，100044
http://www.chgslcbs.cn
投稿热线：010-58302907（总编室）
投稿邮箱：1621239583@qq.com

目录

寻找香巴拉: 经济增长同可持续发展再平衡

第二章

中国的新时代：生态文明的新局面

第三章

生态文明建设五大传统要素

第四章

0

情系生态，筑梦中国

年少梦境

在我的生涯中有一系列神奇的事情发生，循环往复。

当我还是一个小孩，住在康涅狄格、旧金山、西雅图和纽约唐人街时，我从未想过自己会有未卜先知的能力——先是一连串思绪闪现于我的脑海中，紧接着它们又在现实中神奇地实现。

我曾到过纽约唐人街，在那待了六个月后我又去了旧金山唐人街。在那些地方，我的父亲向我展示了"另一种文化"的神秘，其中包括龙、狮子、粤菜、四川的饺子与香料等。这些东西就像在我的体内植入了一块磁铁。

像磁铁面对铁块，我被新鲜的东方世界所吸引，并感到兴奋和陶醉。相比之下，美国西部的那些故事（电视上播放的那些简单俗套的牛仔神剧）对我而言便显得不足为奇。东方世界的吸引力还要更强一些。

比如说，在纽约城，有一个特别的地方曾深深触动了我的灵魂。那时我还在上高中，我的父亲带我第一次去了唐人街的陈家园餐厅（The House of Chan）。中餐的气味非常强烈，和我习以为常的美式食物大不相同。除此之外，店内新奇而又绚丽的装修也让我印象深刻。

我当时并不知道陈家园里的这些图案与装饰会对我造成多么深远的影响。我的余生都将试图理解与沟通那个世界。如今回想起来，我不禁觉得是陈家园那异域新奇的视觉体验在震惊我的同时，为我打开了一扇窗，使我观察和理解那边的世界。我至今都在继续利用这扇窗户，并满怀敬意。

在那之后，我开始梦见一些特定的地方。我只能相信这些地方来自一个纯粹幻想出的世界。在梦里，我看见一个又一个古朴的乡村老宅，斜屋顶上铺着青灰色的瓦片。不过它们并不是稀稀疏疏地坐落在农田里，而是鳞次栉比地排列在一条小巷的两侧。

像是村落又不是村落。梦境中的景象非常清晰和独特，就好像我曾到过那里，甚至像我在另一世曾生活在那里。年纪轻轻的我居然能够穿越时空"看见"这些景象翔实的细节。那时的我还只是一个少年，住在毫不起眼的康涅狄格和纽约市郊，但我的心智却被传送到了全新的东方世界。

我当时根本没有料到，这些清晰具体的青瓦斜顶的景象直接预测了我未来几十年的生活。如今，我成为一名作家、探险家和电影制片人。我在称作"胡同"的中式庭院里工作，偶尔也在这里生活。这些胡同坐落在北京城的中心，正好有着青灰色的屋瓦斜顶，紧密地排列在狭窄小道的两侧。为什么儿时的梦境与我今天的现实如此相似？这是我也解释不清楚的事情。但我能肯定的是，过去梦境中的场景完全就是我中年时期生活和工作的地方。

  我现在终于知道，年少时梦中的场景就是胡同。我当时并不知道这种未卜先知的幻象不仅会持续不断，而且还会变得越发细致和真实。我现在甚至怀疑，这是在向人类展示更加光明的未来。

年少时的两位挚友

迈克尔·田（Michael Tien）是我年少时对我影响最为深远的朋友，我们互相都很认可对方。迈克尔那时有着及腰的长发，完完全全就是个嬉皮士。我那时在办校报，还执笔一个讽刺专栏和一个社论专栏。迈克尔则为我画插图。我们是一对无与伦比的组合。后来，我获得了哥伦比亚大学新闻学院的奖项，而我深知这个奖项其实归功于我们两人。

这种图文并茂的形式在我成长的岁月里留下了深深的烙印。这是一种我至今都渴望重现的美学。而且我知道我对生命的阴阳的早期理解（这是一个对于我这种实践专业人士有着重要意义的框架）完全归功于迈克尔。

对我儿时影响第二深远的人是我高中时期的朋友舒平（Shu Ping）。他和他的家人都来自中国香港，讲粤语。他当时非常想学普通话，而我也一样。于是我们每星期六早上都一起学习，学完还一起吃他母亲准备的午餐。学校里的学习成果是可以预见的，但两人自动自发地互帮互助，去学习一种语言的结果却有着无限可能。我们逆流而上，试看我们能到哪里。新语言的学习，使我能够在另一种文化的时空维度里遨游。

这种对于语言和文化的迷恋将在我的余生中反反复复地出现，并帮助我前行。

舒平的家中摆满了来自中国的旅游纪念品和家具，我也看了许多他们去各地旅行的照片。他们一家曾多次去中国旅游。看着这些五颜六色的照片，他们的家庭旅行仿佛变成我自己的经历，就像我曾和他们一路同行。

每次去到广东，他们都会买一些家具、人参和其他我从未见过的新奇物品。那时，广东和香港地区还有明显的不同。如今，随着广深港高铁与港珠澳大桥的通车，两地物质上的差异正在逐渐淡化。但我那时就已经知道，这样的差异化和我学习的汉语一样，都是带我步入新世界的途径。

这段经历也进一步地激励了我。我坚信，在不久的将来，我也会亲自去到广东旅行。而我后来的确是实现了。

一家书店

在高中时代，还有一样东西强烈地影响了我，那是一家书店。那里有艾伦·瓦茨（Alan Watts）等人的书，内容大多关于中国哲学以及人与自然的和谐相处之道。在美国，我只学习过梭罗和他的《瓦尔登湖》，以及一些超验主义（**编者注：超验主义的核心观点是主张人能超越感觉和理性而直接认识真理，强调直觉的重要性，其认为人类世界的一切都是宇宙的一个缩影**）的运动。中国哲学和这些完全不同。

比如，美国的作家似乎有意无意地回避艾伦·瓦茨所描述的"五行"那类更深层次的意义体系。相比于这种意义体系，《瓦尔登湖》所宣扬的似乎是一个孤独的个体在时间和空间中追寻完美，而不是一个不完美的人在大自然中寻求挑战，激发人性，不断改善自己。

几十年后，当中国政府邀请我协助起草和推动新的国家环境政策时，年少时所受到的这种中国哲学的影响对我很有帮助。

我的父亲

我的父亲曾参加过"二战"。他是美国海军海蜂突击队（Seabees）的一员，而这支队伍正是我们熟知的海豹突击队的前身。我的父亲曾参与过抗击日本的多场大战。

尽管日本是我父亲战场上的敌人，但他在战后并不反日，心理创伤愈合得很好。相反，他是第一个建议我去学习了解亚洲的人。他曾敦促我去中国，去学习如何对抗法西斯。他认为人类真正的敌人并不是某个国家，而是法西斯主义，以及法西斯对待世界人民的方式。

他还曾在麦克阿瑟将军重返菲律宾的行动中扮演过一个关键角色（不过从没有被记载或公开）。

1944年，我的父亲率领美国海军海蜂突击队秘密潜入菲律宾苏比克湾，为麦克阿瑟将军重返菲律宾做好行前侦查工作。他和他的团队在黑暗的掩护下游向苏比克湾的码头，每个人的嘴里都咬着一个塑料袋，里面装着一把0.45英尺（11.43毫米）口径的手枪和一支手电筒。

他们到达码头确认安全后，便开始安排媒体去往麦克阿瑟即将抵达的岛屿，提前架设好摄影机。但麦克阿瑟将军抵达后，他做了一件不太明智的事情——他在海滩上张开双臂，向媒体说了一句颇含种族主义的话。

我的父亲立即叫停了流程，随后他请求麦克阿瑟将军重出船舱，说点别的。经过一番讨论后，将军回到船上，然后又重新走了出来。这一次，他说出了那句著名的话："我回来了！"

接下来就是你我所知道的历史了。

1978 年到 1979 年间，我正在读高中，我的父亲却患了癌症奄奄一息。那段时间的经历使我的父母和我充满了压抑感。

医疗体系似乎太不公平了，我渐渐开始讨厌它。就我父亲的情况而言，医疗体系反倒像是一种剥削，是为了让一些人的钱包鼓起来。正是那时，我决心学习武术。不过，仅在跑道上比划是不够的，于是我告诉母亲我想去学空手道和功夫。

裴大师，我的师傅

我的第一位武术老师是裴大师（Master Pei）。他的个子很矮，右手没有手指。他习惯坐着上课，我猜他大概是在冥想。

当然，我那时还是一根"空手道白带"，什么也不懂。我后来才了解到裴大师有着自己的教学风格。尽管当时我还不那么明白，但他教授的其实是功夫、拳法、空手道三者的结合。

我后来也了解到，裴大师的教学方法还有着两套哲学基础。其中一套是儒家明确且严厉的规则。如果你上课迟到了，那你就别来了。此外，在这里学习，还要对老师有着严格的形式上的尊重。我后来才渐渐明白，这些都源于儒家思想，这是他们最基本的章法。

另一套则是具有相同影响力的道家思想。在你接受"空手道棕带"的考验之前，你必须学习几个月的太极拳。那是一种与众不同的武术。太极的理念要求你刻意放缓动作，与你的呼吸同步，由外在走向内在——实际上，你需要成为内在的那股力量。

为什么呢？为什么讲究内在？我了解到，这是因为坚硬的东西最终都会变得柔软，而柔软才是包容一切力量之所在。举个例子，2019 年 5 月，美国福克斯电视台的新闻主播翠西·里根（Trish Regan）同中国资深新闻人刘欣举行了一场辩论。你可以看到刘欣非常温柔，追求和谐，而福克斯的新闻主播却很强硬，咄咄逼人。

最终，我们可以从这场所谓的辩论中看出，强硬的一方输了。刘欣始终是在寻求双方能够共同满意的解决方案，而这位福克斯新闻的金发主播只知道一味地攻击。福克斯新闻的这种强硬方法显而易见地是单向的、僵化的，甚至是鲁莽的。

在裴大师那里学习了几年后，我到杜克大学读书时继续学习空手道。但在杜克大学学了几年，我却不由自主地想回到裴大师的武馆。裴大师见到我时，问我为什么回来。我的回答也很简单："我在您这里短短几个月学到的东西，比杜克大学所有教授教给我的东西都多。"听到这里，裴大师只是笑了笑。

这一刻的谦虚、责任与荣誉加在一起，成为我人生中的一件大事。

沃尔特·克朗凯特与越南战争

在我成长的过程中，还有另一件事发生，那便是越南战争。我对亚洲的最初印象和美国介入亚洲事务的最早记忆都来自电视新闻主播沃尔特·克朗凯特（Walter Cronkite）的报道。当时他总在播报美国士兵在那边中弹挨打。

我当时弄不明白的是，美国为什么要跑去越南？一些评论家解释称，他们越来越担心共产主义会在那里滋生，并蔓延至整个东南亚，最终席卷澳大利亚和世界各地。但我对这套理论深表怀疑。我的意思是，我们真的知道东南亚那些村子里的人在想什么吗？

后来，我看到美国试图在越南乡村强制实行"民主"。但这其实只会让越南村民觉得美国制度是软弱或有缺陷的。这是一种深层次的文化内涵，而美国似乎自始至终也没能理解。

今天，越南的许多街道都是以抗美战场或抗美英雄的名字来命名的，其中还有不少英雄是女性。

直至今日，美国人始终都没弄明白为什么输了？怎样才能让越南人民满意？到头来，越南人民还是继续爱戴他们的领袖。这是他们文化的一部分。对他们而言，被强迫参与选举反倒不合情理。

当我将这些文化差异了解透彻后，我便开始意识到，不同文化之间的互相尊重与理解并不会自然而然地出现，这需要双方互相学习和互相了解。同时我也开始发觉，不同文化之间的误解可以颠覆世界。

赛珍珠的《大地》

在我读高中时，图书管理员曾递给我一本美国女作家赛珍珠的小说，名叫《大地》。这本书大大改变了我的生活。它不仅告诉我，人们永远都渴望土地带来的安全感，还揭示了一个不顾人民幸福的政权极易被颠覆的真理。

在《大地》里，女主角历经磨难，一次又一次地认识到拥有自己土地的重要性——因为它能在困难时期提供安全保障。除此之外，这个故事也清楚地讲述了革命爆发的原因——当人们变得一无所有，又受到统治阶级不公正的压迫，他们便别无选择，只能揭竿而起。这甚至可以说是他们的义务（我的一位直系长辈曾参与签署了《美国独立宣言》，这份宣言里有这方面的表述）。

直至今日，《大地》里的经验教训都让我记忆犹新。为了安全，我一直都拥有着一点私人土地。当我看见我的祖国（美国）开始不公正地对待普通百姓，我也会意识到这有可能擦出革命的火花。尽管作为美国人，我应当尽可能地避免这样的事情发生，但发生在美国的大革命不再是没有可能的事情。

　　也正是在这个时候，我意识到，若想真正了解哲学，就不能忽视马克思和黑格尔。我们总不能只看故事的一面而忽略他人的观点。我曾扪心自问，为什么我们不去了解故事的另一面呢？这个问题曾在我人生中一次又一次地出现。坦率地说，我认为正是这种对于故事多面性的好奇使我成为一名成功的谈判家，帮助我处理了许多看似不可能解开的僵局。

尼克松与中国

那时，我们有一门课程叫"经济学理论"。每当这门课的老师想在教学大纲中加入马克思主义理论时，愤怒的家长就会向校董事会提出抗议。

这令当时的我感到困惑：为什么不能学习社会主义经济理论呢？尤其是当时半个世界的人口都遵循着社会主义经济。而且实事求是地说，我认为马克思才是第一个从普通人的视角来阐释社会科学的人。在我看来，将社会主义经济排除在外，使得这门课程既不实诚，也不完整。

后来，尼克松总统去了中国，情况才逐渐改变了。

1972 年，美国总统尼克松抵达北京，受到中国领导人的欢迎。2 月 28 日，中美上海联合公报发表，宣布中美两国关系走向正常化。从尼克松的顾问布伦特·斯考克罗夫特（Brent Scowcroft）那里，我学到了一些外交学的东西，并了解了最理想的外交情形。

尼克松访华后，我对中国的兴趣大增。也正是这段时间，图书管理员菲莉丝·奥汉尼恩（Phyllis O'Hannion）太太把图书馆里所有关于中国的书都找出来给了我。我很快便一头扎进了这堆书中。

埃德加·斯诺所著的《红星照耀中国》极大地震撼了我。韩素音所著的《瑰宝》对我也有着不小的影响。我沉浸在这些浪漫主义作家的世界里，享受着这片珍贵而又充满惊喜的土地上所发生的故事。从此以后，我身边的很多事情都与中国结缘。我深知自己有一天会亲身去到中国，用自己的双眼去观察这个国家。所以我向开设中国语言专业的大学递交了申请，并最终被杜克大学录取。

如今，"姓资姓社"其实已不再是头等大事。

试问，2008 年至 2009 年间，当美国大型银行不得不接受联邦政府的"拯救"时，它们变成了什么？这是不是使得高盛银行、美国银行、美林证券、摩根大通银行和摩根士丹利自动变为"国有企业"呢？

如今，同样的事情也发生在另一个行业。近年来，联邦政府向那些规模大、知名度高的科技巨头提供了数十亿的"无息贷款"。这些公司用这笔资金来研发新产品了吗？不，他们拿着几十亿资金去"回购自己的股票"。这样，他们的股价不断上涨，营造出美国经济一片生机与活力的假象。

但我们现在都活在同一个世界，对吧？与其这样，我们不如去通力合作，共同努力，像 CGTN 主播刘欣所呼吁的那样，去阻止人类走向灭亡吧。

杜克大学

在杜克大学，我报名参加了普通话课程，并在课上遇到了一件非常有趣的事情。在中文课堂上，一个来自得克萨斯州的金发大男孩被要求用普通话说一个短语，他便带着一口浓郁的得克萨斯州口音说道："Ni haaau maaaah（你好吗）？"正当全班同学差点就忍不住要哄堂大笑时，这位来自中国的副教授却很高兴地称赞他："你有一口很棒的闽南腔！"那天，这位教授给我们上了重要的一课。

他让我们懂得，即使有口音也没有什么大不了的。归根到底，人与人之间的交流才是最重要的，口音并不是其中的障碍。我们不必因为说话人与我们不同，就自动隔离，或彼此开战。我们所要做的就是互相沟通与交流，聆听并尊重对方的观点。

我永远都不会忘记那堂课。

追梦中国

1996 年，开放的浪潮与格局对我这种在中国生活和工作的外国人而言是显而易见的。我曾是一名建议跨国企业进入中国市场的律师，同时我也是越南、老挝、柬埔寨的中央银行顾问，帮助他们完成从计划经济到市场经济的过渡转型。当时，我还是中国金融改革的顾问，主要负责帮助构建国有企业改革的蓝图。这是中国市场经济改革的一块重要基石。

那一年，我写了一本书，名为《中国第一》（书名是和《日本第一》开了个玩笑，那本书是哈佛大学教授傅高义所著，比我的书早出版十几年，主要介绍了日本国内经济的崛起）。在《中国第一》里，我预测了中国会崛起成为一个经济强国。我并不是用什么巫术来做预测，但西方媒体和政策制定者总觉得我的预测非常激进且不切实际。

我每天都会同中国的政府官员打交道。要么是为我的外国投资者客户获得行政审批和政策指导，要么是向中国官员比较其他国家经济发展和工业化的方式，为他们提供建议。我可以获知当下五年规划中的计划和项目，也可以了解下一个五年规划的方向。领导层对发展的愿景无比清晰，他们坚持完成计划的决心也同样明确。

《中国第一》这本书反映了中国人民脱贫致富的愿望与志向。难怪西方媒体和政治精英都认为我的书是"亲华派"的书。就像之前的埃德加·斯诺（Edgar Snow）一样，我很快也被贴上了"马克思主义者"和"共产主义者"的标签。

2001年，我写了另一本书，名为《中国的世纪》。书中有一个直接明确的论断：19世纪属于英国，20世纪属于美国，21世纪将属于中国。与此同时，一个叫章家敦（Gordon Chang）的美国人，因为不满自己在中国的经历，写了一本与我对立的书《中国即将崩溃》。他做出的假设是：中国如果不接受美国式的民主，其经济将会在五年内崩溃。

这两本书激起了对中国的两种矛盾观点的论战。我的观点代表着"中国世纪论"，而章家敦的观点则代表着"中国崩溃论"。当时，美国驻华大使馆的政治顾问（实际上是仅次于大使的官员）严肃地对我说，美国国务院认为"中国崩溃论"才是正确的。他对我宣称："不管是不是在五年之内还是更久，只要中国不采取美国式的民主，中国经济终将崩溃。"他告诫我应该改变观点了。

当然，直到今天，中国的经济并没有崩溃，反而是变得更加强大且具有活力。如今，我们可以发现，美国的民主已经变了，且正饱受美国人民严厉的质疑。很多欧洲人现在也开始反思，美国价值观是否还有广泛的约束力，是否需要一个新的价值观了。

　　过去的四十多年间已发生了巨大的变化。2023 年，中美对人类未来的愿景已大不相同，这一点在气候问题上表现得尤为突出。美国关于气候政策的最大特点就是政治化和摇摆性。在美国两党竞争的政治格局下，气候变化问题成为一个被高度政治化的议题，其科学性反而被忽视。政府更迭也导致气候政策摇摆不定。奥巴马政府时期，美国积极推动《巴黎协定》的达成、签署和生效，提出 2025 年相比 2005 年减排 26% ~ 28% 的目标，但并未提交参议院批准。特朗普政府时期，美国政府拒绝相信气候变化是客观事实，撕毁了联合国气候变化框架公约下的《巴黎协定》，取消了 47 项关于气候变化、天然气开采管制的相关法规，几乎颠覆了奥巴马的气候治理框架。同时，特朗普还诋毁可再生能源，带领美国退出了联合国教科文组织，无视联合国进程与多边贸易协定，威胁和对抗其他国家，只顾坚持"美国优先"的政策。拜登政府时期，美国重返《巴黎协定》，提出 2030 年相比 2005 年减排 50% ~ 52%，2050 年实现净零排放的目标，将应对气候危机作为外交和国内安全事务的中心工作。虽然奥巴马和拜登两任政府努力在全球气候问题上发挥领导作用，但带领美国退出《巴黎协定》的特朗普将再次参加 2024 年总统竞选，使得国际社会对美国的气候政策将信将疑。

　　与此同时，中国正进入一个"新时代"，将生态文明写入国家政策，在可再生能源解决方案上已成为全球领先者。2020 年 9 月 22 日，在第 75 届联合国大会上，习近平主席宣布中国二氧化碳排放力争于 2030 年前达到峰值，努力争取 2060 年前实现碳中和。中国高度重视应对气候变化。作为世界上最大的发展中国家，中国克服自身经济、社会等方方面面的困难，实施一系列应对气候变化的战略、措施和行动，参与全球气候治理，应对气候变化取得了积极成效。十年来，中国将应对气候变化摆在国家治理更加突出的位置，不断提高碳排放强度削减幅度，不断强化自主贡献目标，以最大努力提高应对气候变化力度，推动经济社会发展全面绿色转型，建设人与自然和谐共生的现代化。

2022年，中国单位国内生产总值（GDP）二氧化碳排放比2005年下降超过51%。截至2022年底，非化石能源消费比重达到17.5%，可再生能源总装机容量12.13亿千瓦。截至2023年6月30日，全国碳市场碳排放配额（CEA）累计成交量2.38亿吨，累计成交金额109.12亿。中国进一步加快构建碳达峰碳中和政策体系，制定并发布碳达峰碳中和工作顶层设计文件，编制2030年前碳达峰行动方案，制定能源、工业、城乡建设、交通运输、农业农村等分领域分行业碳达峰实施方案，积极谋划科技、财政、金融、价格、碳汇、能源转型、减污降碳协同等保障方案，进一步明确碳达峰碳中和的时间表、路线图、施工图，加快形成目标明确、分工合理、措施有力、衔接有序的政策体系和工作格局。

作为负责任的大国，中国积极推动共建公平合理、合作共赢的全球气候治理体系，为应对气候变化贡献中国智慧、中国力量。

1

中国经济的腾飞与绿色发展的序幕

家庭联产承包责任制的开始

　　1978 年，安徽省的一处偏僻乡村进行了一次小小的实验。由于不甘贫困，十八户村民达成了协议，他们将分田到户，共同享有资源。这听上去很简单，但在当时却是冒天下之大不韪的举动，也是一个勇敢的甚至是伟大的创举。他们相互约定，在收获的粮食中，给国家上缴他们应该缴纳的配额，多余的则可以由每个家庭自己销售并保留收益。时任安徽省委书记的万里得知后支持了村民的大胆举动。这种做法后来被称作"家庭联产承包责任制"。这一个小小的实验，让每一户家庭都可以种植自己的粮食和蔬菜，深深地改变了中国。

　　十五年后，看似遥远的梦想终究变成了现实，并撼动了全球的经济秩序。

　　万里在安徽省对家庭联产承包责任制的早期实验引发了一个中文新词的流行。人们在大街上都窃窃私语，讨论着这个叫"自由市场"的词语。但这个词到底是什么意思？有几个胆大的农民带着破布包着的蔬菜和花生（因为他们连袋子都没有），蹲在路边，想出售它们以换得现钞。重点在于，他们能将换得的现钞揣进自己的兜里。人们非常兴奋地讨论着这个事情。

这便是自由市场的开始，只是没有人敢用"市场经济"一词。自由市场已经来到了中国经济的边缘，正化身为街头巷尾常见的那些东西。

在天津，南开大学大门的对面，就有一个羽翼未丰的自由市场。在此之前，还没有过类似的市场出现。因为大家都没有冰箱，所以人们需要每天赶来购买食物。国家分配的粮食供给站里，东西数量有限，种类经常变动，店员也欠缺服务意识。每天，人们都要带着各种票据排着队到这些国营的商店换得主食。如果没有配额的票据，就算你有现金，也无法买到大米和面粉。

然而，街对面自由市场的农民却有很多的瓜果蔬菜，品种丰富多样。人们只要站在路边就能看到两边的差别。自由市场提供的商品种类日益丰盛，而国营商店里，每天每一处供应的货物却千篇一律——而且还是在有东西供应的前提下。

当学生食堂开始供应有肉末的米饭时，我们都非常高兴。因为那时自由市场上还没有肉。我还记得当时我和一个同学发现了一件不同寻常的事情：一只小小的烤鸡挂在了一家国营商店的橱窗里。这是我们从未见过的。我们压根没有意识到，那只挂钩上倒挂的小小烤鸡表明经济改革已经开始奏效。

我们把烤鸡买来吃了，而且非常高兴能如此简单地就得到了。

我常常想起那些突然出现在天津街头的蔬果供应，还有那只烤鸡。这些都是家庭联产承包责任制改革试验的成果。到了 1981 年，全国都开始实施这样的改革了。

在中国，每一件东西都物尽其用。我来自美国。在美国，从能源到食物，几乎所有的东西都在被浪费。在中国，我倍感震惊并受到了教育！

在我来中国之前，我曾在杜克大学学习。我记得有一天我在杜克大学的食堂吃午餐时，一个美国人正狼吞虎咽地吃下了一块巨大的牛排三明治。一个中国学生指着他说道："那两片面包里夹着的肉，比我一家六口在很长一段时间内吃的肉还要多。"这种对比像一把刀一样地刺痛了我。在天津的南开大学，当一支钢笔用得快没墨水时，学生们会想方设法地往里面注些水，使得最后的一点墨水流出。字迹浅了，但能多写不少的字。每张纸片都会被一直写得满满当当，不留一点空白。这个社会是没有什么东西被浪费了的。

当时的社会有一种难得的淳朴。我发现在天津街头生活比在教室学习更为重要，正如同几年后的我发现街头经济学比理论更加重要。我开始变得非常"实用主义"，不去在乎学习和考试，跑到大街上去记那些流行的新词，然后或对或错地开始使用。到了晚上，我会在大街上表演儿时父亲教我的一些简单魔术，让我认识街上形形色色的路人。和路人交谈也训练了我的中文口语，使我的中文水平突飞猛进。人们聚集在一起（有时是很大一群人），大笑着叫我一遍又一遍地表演魔术。他们似乎对同一个把戏百看不厌。

我意识到，货币在这个社会里的意义并不算大，毕竟都没有怎么流通。一种更高的道德影响着人们的思想。

有一次，在我买一样东西时，小贩无意间少找给了我一角钱，我并没有注意到。后来，那个小贩满城追我，为了还给我那没找的一角钱。最后，他一直追到了我在南开大学的宿舍门口，还一直在为他当时的疏忽而道歉。

另一次，我在一条拥挤的街道上骑车时，灰尘粘上了我的隐形眼镜。于是我停在了一家小店前，借他们脏脏的破镜子来重戴隐形眼镜。在镜子的反射里，我看见身后聚集了一大群围观的人。有人问我是不是又在表演魔术，把我的眼睛摘出来又放回去。

只可惜在经济飞速发展的当下，热情有之，而这种最初始的淳朴现在看来实在是难能可贵了。

我学完了普通话课程，到了该离开南开大学的时候。当时，学校为我们这些外国学生举行了一场宴会，而老师在宴会后把剩菜残羹通通都打包带回了家。他们将剩菜残羹装进自己带来的小铁盒里，又将小铁盒装进宽大的军绿色挎包，最后斜挎在他们纤薄不合身的衬衣上。我完全想不到，在之后经历的三十多年里，我会目睹中国人渐渐扔下这些绿军包，穿上普拉达和路易威登，购买和世界其他国家一模一样的商品。

即使在我去一个新开的旧货市场卖掉我的自行车时，我都从未这样想过。

蓬勃发展的九零年代

十六年后，天津变成了一个我完全陌生的城市。我失去了所有的方向感：棚户都不见了；废墟变成了大型建筑工地，而我正站在摩天大楼的影子里。狂野的艺术家正在为狡猾的广告公司工作。外国学生也不再需要满街找一只烤鸡，中国主要大城市的大多数街头都有麦当劳等着他们。北京的硬石餐厅会一直热闹到凌晨。普通市民可以去到所有崭新的百货商场和时装店，如果怀旧的话，友谊商店也能进。全球任何商品都能被购买，人们看上去也买得起任何东西。

中国自有一种韧性。城市交通堵塞，于是城市规划者计划着将古老狭窄的小巷改造成新街道。这些小巷的传统文化与生活方式被推向了历史的深处，变成了发展的代价。

在北京的一家五星级酒店里，美国贸易代表团的成员面对电视台摄像机说道："中国必须更快地去改变它的体系……他们必须接受自由贸易……他们需要做出长远的考虑……尽管他们正变得越来越好，但这远远不够。如果他们再不改变他们的经济，不接受自由贸易，那我们将实施制裁。"这座酒店所处的位置，在 20 世纪 80 年代我第一次来北京的时候还是农村。农民们在三环路的外边种田，蜷缩在黑暗里吃窝头。用玉米粉做的粗糙窝头便是当时他们的主食。但是到了 20 世纪 90 年代，当美国贸易代表像烦人的老派老师一样摇晃着手指，谴责中国不遵守美国制定的经济规则时，长安街夜晚的霓虹灯却已像今日纽约世贸中心一样耀眼。

从"休克疗法"到社会主义市场经济

1987年，这里刮起了一阵改革之风。在中国共产党第十三次全国代表大会上，邓小平系统地阐述了"社会主义初级阶段"理论。他还说明，这个初级阶段"将持续很长一段时间"。

想转变所有人的固有想法是非常困难的，邓小平以这种大家能够接受的方式，将市场改革推行出来。1997年，中国共产党第十五届一中全会，江泽民宣布"邓小平理论"将带领中国走入新世纪。

这是中国香港地区的商业精英们第一次感受到龙的苏醒。他们可以闻到空气中正弥漫着商机的气息。即使那些怀疑者也开始认真关注内地。1988年，一群年轻的受新自由主义学派影响的中国经济学家建议政府进行价格改革，不要控制通货膨胀。这正是当时美国顾问向克里姆林宫建议的标准的"休克疗法"，这样的建议有利于摧毁苏联经济。

中国的领导层对通货膨胀尤其敏感。很多老一辈的领导人对通货膨胀的了解比他们对战争的体会还要深刻。他们清楚地记得，人们推着一推车的钞票去购买蔬菜和商品的场景。所以，老一辈领导人根本不认同休克疗法的模式。

在那个年代，中国领导层在每个夏天都会去北戴河海滨的度假胜地，为的是在中国共产党全国代表大会之前探讨一些政策。他们还会召集一些经济学家来给出建议。年轻的经济学家推崇休克疗法，提倡立刻放开价格管制并取消对粮食大米的补贴。更加成熟的经济学家则坚决反对这项提议。他们警告说，政府必须先控制好通货膨胀，只有等通货膨胀稳定以后，才可以逐步地放开价格管制。

这时，就要先讲述社会主义市场经济的故事。

后来，中国的一位高层官员答应接见我这个人民大会堂的听众，那时，我在为中国的大型企业提供咨询，协助他们建立起一个复杂的公司结构。我在人民大会堂内一间宽敞的房间里与他见面。房间里有着又厚又软的沙发。他问了我一个很急切的问题：怎样才能把这些债务累累、锈迹斑斑的国企转型为能与美国公司竞争全球市场的国际大型企业？五年后，我来到安徽省——这个曾经试水改革的地方，开始为中国国有企业"公司化"的改革探索新的解决方案。

南方谈话

北京，1992年。那是晚冬里寒冷乏味的一天。从我办公室的窗子看出去，整个城市看上去十分灰黄并且平坦。没有人能想到，在未来的岁月里，巨大的建筑工地会向四面八方蔓延，吞没这里成片的低层建筑。我的办公室坐落在世贸中心，一座其时形单影只的现代高楼。十年以后，世贸中心却在林立的高楼之中显得矮小了。

但在1992年的时候，这栋世贸中心大楼几乎都是空着的。我当时在为香港最大的律师事务所"孖士打律师行（Johnston Stokes & Master）"工作，刚被调离了老挝和越南，被安排去重开北京办事处。我的任务便是重新建立起他们在北京的业务。

盯着这扇被煤烟污染，被灰尘弄脏的窗户，我试图去想象如何才能达成这样的目标。这里没有外国投资者，其他的那些公司只在保持一个象征性的姿态。这里连一点商业的影子都没有。突然，我的思绪被秘书打断了。她急匆匆地推开了我的门，像是发生了什么紧急情况，然后担心地对我说："一些中国官员在前台等着见您。他们自称是您的'朋友'。"

　　我走下楼，看见余晓宇（音译）坐在蓝色的公共沙发上，看上去这就像是他的地盘。他还有两位陪同的官员。余晓宇是个魁梧的北京人，却有着与纽约人一样的自信与不拘小节。他当时是国家经济体制改革委员会（以下简称体改委）主任的秘书。

　　体改委是总理的智囊团。由于他们有着监督其他部门由计划向市场转变的权力，因此是中国政府里炙手可热的机构之一。

　　余晓宇在我的办公室里喝着热气腾腾的茉莉花茶，低声地说改革者已经意识到了外商投资是必需的，市场经济也是必要的。

　　1992 年 1 月，邓小平先后赴武昌、深圳、珠海和上海视察，沿途发表了重要谈话。谈话针对人们思想中普遍存在的疑虑，重申了深化改革、加速发展的必要性和重要性。紧接着，邓小平宣布中国将实行社会主义市场经济改革。在此之前，很多官员连"市场经济"这个词语都不敢说，而如今，他们有了深化改革的绿灯。

　　邓小平随后提出"发展是硬道理""致富光荣"的口号，这位政界巨头以非凡的政治智慧和务实精神改变了亿万普通中国人的命运，也成了中国人心中的偶像，被誉为"中国社会主义改革开放和现代化建设的总设计师"。

　　从那一刻起，每一个人都积极踊跃地投身于改革开放的商业大潮之中。海外投资大量涌入，一个高速增长的时代随之而来。改革开始在全国推行，很快一切都变了副模样。

　　中国"姓资姓社"的这场意识形态辩论终于画上了圆满的句号，然后被深深地埋了起来。

建筑的密码

1992 年，我住在北京狭窄胡同里的一座古老的中式四合院里。这条胡同非常典型，两旁都种着树。人们（包括一些中国人）总会把 hutong（胡同）和 siheyuan（四合院）这两个词语混为一谈，但这是完全错误的。在北京话里，"胡同"是巷子的意思。北京有句古话叫作"没名的胡同赛牛毛"，但现在，很多胡同都已经消失，也渐渐被人们所遗忘。

有一个四合院叫作 Hao Yuan（好园），意思是"好的花园"。这个院子后来成为一个国营的宾馆，住客大多是外国专家。这里有着古色古香的魅力，在这里工作的中国人都是国家聘用的职工，他们对外国宾客非常友好。

每个周日的早晨，我都会坐在院子里的果树下喝茶。看着四周灰尘扑扑的院子，我就会莫名想起刚讲到的那些东西。那是我唯一可以真正休息的时间。除此之外，我要么就在无聊的商业中心里谈着合同，要么就是在去工厂的路上。那时，中国的谈判方很多时候办事的方式是跟外国同行喝得烂醉如泥，然后再向国家报销。在这座北京四合院的安静时刻，中国建筑的力量与深度抓住了我的思绪。

在北京的四合院建筑里，我看见了中国心理的一面镜子。这些房子有着灰色的砖墙和雅致的拱形屋顶。然而在街上，你却无法看见里面。你只有仔细观察门上复杂的雕刻和两边古老门枕石的形状与大小，才能猜猜谁可能住在里边。

我意识到，建筑就是一种加密了的语言。

每座四合院都有一个曲折的入口，总是被一面雕刻过的照壁遮住。想要进入一个中国的庭院，大多没有直来直去的走法。进入院子，中间那个花园便是所有活动的中心。花园里种着象征着繁荣的果树，其种子则象征着新生。院内所有的门窗都朝向中心，没有人能逃离这个封闭的家族圈子。谁住在哪里都有着严格的制度，主人、儿子、女儿和仆人的住所都要按照建筑物的比例与屋顶的高矮来分配。这都是按照严格的儒家学说里的秩序安排的，每个人都有自己该住的地方。

每个院子的某处都会有一扇隐秘的后门。

这与美国的住宅完全不同。美国的住宅大多处在一个大草坪的中央，街上的任何人都能看见里面正发生着什么。巨大的窗户将整个客厅暴露无遗。一进主门，通常会有一个直通卧室的楼梯，但所有人都在厨房里转悠。车库则会设计成至少能停两辆车的大小。

这个逻辑十分清晰：建筑是人们与他们所处环境的对话。无论是做生意还是在权力走廊里纵横，中国的一切都按照庭院建筑的规则运行。这有点像是中国文化的达·芬奇密码。在墙外，墙内的一切都是谜。前门几乎一直是关闭着的，只是偶尔才会小心翼翼地打开。当遇到曲折的事情时，你要知道，要进那扇门是绝没有直截了当的捷径的。如果问题过于危急，那还会有后门可走（前提是你找得到）。

20世纪90年代，地价上涨，开发商将这些街区连根拔起。政府、开发商和银行达成了三角连环开发协议。在短短的十年里，北京的许多传统建筑遭到了破坏。令人悲伤和感到目光短浅的是，将旧的邻里社区连根拔起，破坏传统建筑的行为成了一种趋势。

一天早上，好园亮红色大门的对面，开发商推倒了附近的整片胡同。伟大的中国历史建筑、迷人的树荫小巷、数千年的文化符号被推倒了，遗忘了，取而代之的，是华丽的法国宫殿式的建筑，闪闪发光的展厅里摆着法拉利和保时捷。

文化、传统和价值体系被急功近利的人抛弃了，他们丧失了自己的身份标志，沉迷于重新定义他们的西方奢侈品牌。西方奢侈品牌已经变成某些中国人的新"鸦片"。

这就是现代化与全球化的意义吗？

城市交通拥堵。纽约的出租车司机在北京的出租车司机面前都会显得温文尔雅。穿着普拉达的人摆着一副傲慢和粗鲁的模样。街上的行人看上去都有着即将要被推下悬崖的压力。市政规划者把那些有着沧桑历史的小巷夷为平地，然后为豪车铺上新的马路，造成更多拥堵。那些豪车的行为总是让人觉得，越是名贵的车里坐着越是差劲的司机。在单行道上，豪车司机会去招惹那些走在正确方向上的司机，似乎名牌会给予他们凌驾于法律之上的权力。

这都是金钱惹出的事吗？人们的自身文化与身份认同正经历着什么？

年复一年，我越来越容易被这些问题所困扰。我曾怀着一腔理想来到中国，想为这个国家走出贫困尽一份微薄之力。外资为中国带来了金融和技术，而我仍相信我做的这件事情是没错的。作为一名职业律师，我曾为埃克森美孚、爱立信、罗氏、拜耳、柯达、安达这些世界上最大的跨国企业提供咨询，帮助它们获得市场准入并开展在华的初期业务。我其实算是这些跨国品牌全球化的雇佣兵，但我渐渐开始不太喜欢干这些事了。

完全从个人层面上来讲，我不接受现代化和全球化就要抹去当地文化、拆迁传统街区的观点。我认为，只要采纳可持续发展的经济战略，既保护当地传统文化又达到现在的发展水平是完全可能的。然而，很多人都有不同意见。

于是我便思考着有没有可能发起一场街坊运动，做一些小生意，给邻里社区注入新的生机与活力。我决心试一试。

在之后的五年里，我翻新了三座四合院，并在每个园子里做了一些小生意。政府密切地观察着我的一举一动。常常会有一些官员不打招呼就直接进到我的院子里，有时是带着怀疑的目光。但这个创意很快就流行了起来，人们纷纷效仿，并开始修复附近的院子。精品酒店和餐厅开始出现在老旧的住宅区中。当地官员还在不断视察这里的情况，只不过，那些曾试图阻碍项目进展的官员，现在倒开始考虑以此修复这些老屋，保护这些历史街区了。2004 年以后，有些事情真的转变了。北京市政府下达指令，要求将这片街区作为历史遗产保护起来。我从没想过我们能赢得这场"战争"，但事实证明，机会面前，更需要自己的努力和争取。

有一天，在我指导修复工作时，我听到消息称，有人在北京郊外的村庄里找到了一扇古老的折叠屏风。随着他人的指引，我在农舍的地板上看见了这扇屏风。屏风上面盖满了黄色黏稠的尘土。它一定被抛弃在这里有一段时间了，有些地方都已经损坏了。这扇屏风其实是一件雕刻精美的古董。在另一个世纪，它完全可能是富人家里的一件装饰品。卖家说，这个屏风是在开发商拆毁老屋时抢救出来的。

屏风的每一折都刻着字：善、道、礼、仁等。我后来才知道，这上面就是中国古代为人处世的道德准则。

在发展的热潮中，人们奋力追求物质财富，文化财富却被挤到了一边。

重铸"国家实力"

　　我与中国官员的会面常常约在傍晚我的四合院里，在这里我们的讨论要更加放松和随意。我的家正好藏在一个古木林立的小胡同里，前面是灰色的砖墙，周围是一些朱红色柱子和复杂木雕的陈列馆。坐在我家的苹果树下，我们可以开诚布公地讨论中国真正面临的问题。在我的院子里，我们的谈话不会被外面的人听见或录音。至少我们是觉得不会的。

　　一天晚上，马继宪出现在我的茉莉花茶话会上，他是一位中国律师。他激动地告诉我，他即将被调离他在国务院法制办公室的职位。

　　"那你去哪儿？"我吃惊地问他。他说他要去一个新成立的机构，名字叫国务院生产办公室。我没法理解他的激动，他离开了一个不错的职位，去一个没听过的工业生产委员会，他的兴奋完全没有道理。"你又不是工程师，你为什么要这么做呢？"我惊讶地问道。

　　他解释说，政府正在建立一个新的机构以解决各个部门职权复杂混乱的状况。苏联模式使得中国每个行业都有一个独立的部门，比如纺织、机械、煤矿、电子机械工业等，此外还有像交通、商业、医疗这类职能部门。每一个部门都在自己的指挥系统里运转，自上而下地管理，拒绝听从其他部门的指令。所以部门间没有协同合作，缺乏横向的沟通，政策无法协调。

以当时的汽车制造来举一个例子。国家计划委员会制订了计划，财政部为其拨款。机械工业部掌管着汽车工业制造，但也需要冶金部和化工部提供一些配件。汽车生产出来了，但需要负责汽车交通的交通运输部下发执照才能上路，于是交通运输部也想分一杯羹。铁道部会说多少汽车需要铁路运输。该买多少辆汽车和该在哪里卖是商务部说了算，但到底该卖多少钱呢？这又回到了计划委员会头上，那里有一个专门负责定价的部门。这件事情就这样陷入了无尽的循环，什么事都定不下来。而且当时的国有企业效率较低，"顽疾"缠身。

所以中国政府就建立了一个大型部门，来与这些拒绝相互沟通的部门交流，有些类似于上海的一站式服务站。新建的这个国务院生产办公室，起初只是一个小办公室，但很快就变成了举足轻重的部门，转而负责国家的经济和贸易。在接下来的五年，这个机构将协调所有的生产、商业、运输和市场政策。它将横向打破各个部门之间的壁垒，缩减它们的规模，解决现在的混乱局面。

与此同时，原来的"国家经济体制改革委员会"改为"国务院经济体制改革办公室"，成为总理的智囊团。在政府的领导下，这些苏联模式的"弊病"变为以市场为导向的融合经济。

我每天都活在重组经济的巨大实验之中。每当一家外国公司要与中国的国有企业联合经营时，就意味着当地合作伙伴的重建。我在工厂里待了几年，重组着企业的管理模式和资产，并寻找着创新的方式将债务转化为股权。

我看中的一个项目是中国知名的洗涤剂品牌。这是一家典型的国有企业，其老板勤奋并富有创造力。除了生产肥皂和洗涤剂之外，企业还搞了一些副业，先是做卫生巾、瓶装水，然后又开卡拉 OK 娱乐城和餐馆。最后，这家企业背负了一大堆收不回的款项和还不起的债务。但企业管理层和一些国有企业一样对此束手无策。

今天，很多跨国企业的运营方式差不多也是这样的。

涉及如何裁去多余劳动力时，谈判常常破裂。外国资本进入带来的技术升级，会使三分之二的劳动力变得多余。这是中国政府面临的一个巨大难题，因为保障就业是中国经济工作的重点内容，"铁饭碗"的概念在中国人的心中根深蒂固。这也是过去一些国有企业效率低下的原因之一。中国政府决心打翻"铁饭碗"，解放商业的韧性。

一天早上，在经济贸易委员会，我在电梯里遇到了马继宪。他正在两场会议的间歇中，一些文件从他的手中掉到了地上，厚厚的黑框眼镜后面是一副疲惫的神情。我在处理众多的企业重组时，没几天就要跑一次他们的办公室。马继宪告诉我，我们的实验将成为国有企业全国改革的典范！

一方面，我站在开创性实验的最前沿，为中国的商业和社会结构转型提供动力。我回想起毛泽东所说的"古为今用，洋为中用"。中国非常巧妙地利用外国投资来实现了自己的经济社会转型，并登上了世界舞台。

另一方面，作为大型跨国公司的内部顾问，我明显意识到了他们的管理层正向股东兜售着中国市场的梦想。他们正在将商品制造外包给中国，在中国建厂并抢占中国市场。

双方在博弈中达到了共赢。

任何经济发展都要付出代价

1996 年的北京，我会在每个早晨，从我四合院的家中骑车前往世贸中心。一路上会遇到成百上千的自行车一同前行。年复一年，自行车的数量渐渐减少，汽车的数量不断增多。不久后，世贸中心也只是拥挤城市里的一座普通写字楼罢了。在空气污染中，你的视线已经变得模糊不清。只有偶尔的晴朗天气下，远处的西山才依稀可见。奔驰和宝马这类豪车渐渐开始出现在大街上。最终，林荫大道变得拥挤不堪，马路变成了停车场。

十几年前，我认识的"反动"艺术家已经将他们的作品卖给了国际收藏家。外国学生也不再需要满街寻找一只烤鸡，麦当劳已经遍布中国城市的各处街角。

当时，在一些官员的心目中，这些都是进步的标志。对于他们来说，堵在路上的豪车数量，才是实际衡量他们治理成功与否的关键。

但我觉得也可以有其他衡量成功的办法。在与官员一起参加的多次会议里，我指出中国正在失去传统的邻里街坊。伴随着中国经济高速发展，环境污染问题随之而来。我认为追求生活中物质数量的同时，容易失去生活的质量。文化、环境的可持续性与经济发展同样重要。

环境保护理念深入人心

改革开放前，尽管一穷二白，但是中国人民战天斗地，凭着文化传承中积淀的民族韧性，秉持自己动手丰衣足食的理念，把日子一天天过得更好。在利用自然进行物质创造的过程中，睿智的中国人高瞻远瞩，敏锐地意识到经济发展中存在的环境问题，如水土流失、工业污染等，并开始针对性地设计环境保护的相关制度，逐步加以落实。

中国早在 1956 年就明确了综合利用"工业废物"的方针，20世纪五六十年代提出了"变废为宝"的口号，"一五"时期建设的156 个重大项目均按照国家要求采取了严格的污染防治措施。20 世纪 70 年代，中国正式提出"三废"处理和回收利用，并在全国上下开展了工业资源综合利用、消除和改造"三废"活动，部分城市陆续成立了"三废"治理办公室，负责督促、检查和管理本市的"三废"治理工作。

时任国务院总理周恩来对环保事业非常重视，1970 年前后曾多次指示国家有关部门和地区切实采取措施防治环境污染。在全国林业工作会议期间，周恩来总理说："16 年来，全国砍多于造，是亏了。20 世纪还剩下三十几年，再亏下去不得了。""我们不能吃光了就算，当败家子。"1972 年 3 月，北京发生了一次水污染事件，调查结果显示是官厅水库受到了污染。1972 年 6 月，国务院批转了原国家计划委员会、国家基本建设委员会关于北京官厅水库污染情况和解决意见的报告，建立了官厅水库水源保护领导小组，开始了中国水域污染的生态治理，紧接着召开大连、上海等主要港口和松花江、黄河、长江、珠江、渤海、东海等水域防治环境污染会议。

1972 年 6 月，联合国人类环境会议即将在斯德哥尔摩召开，这是人类历史上第一次有关保护环境的全球会议。在收到邀请后，周恩来总理以卓识远见毅然决定派团参会。周恩来总理指出，代表团成员要通过这次会议，了解世界环境状况和各国环境问题对经济、社会发展的重大影响，并以此作为镜子，认识中国自身存在的问题。

在中国，随着经济发展，环境问题凸显，环境保护工作受到重视，1973 年 1 月国务院决定筹备召开全国环境保护会议。1973 年 8 月 5 日至 20 日，由国务院委托国家计委在北京组织召开了第一次全国环境保护会议，审议通过了《关于保护和改善环境的若干规定（试行草案）》，成为实质上中国第一个综合性环境保护法规。这一规定将环境保护工作纳入各级政府的职能范围，成为中国环境保护事业的一个里程碑。这份法律文件首次提到了"全面规划、合理布局、综合利用、化害为利、依靠群众、大家动手、保护环境、造福人民"的生态环境保护 32 字方针，同时也规定了与加强生态环境保护密切相关的一些规范条例。

1978 年，中国首次将"国家保护环境和自然资源，防治污染和其他公害"写入《中华人民共和国宪法》，把环境保护确定为国家的一项基本职责，将环境污染防治和自然资源保护确定为环境与自然资源法的两大领域，为中国环境法制建设和环境保护事业的发展奠定了基础。

这些环境保护制度取得了巨大成果，为中国生态文明建设积累了一定的经验，奠定了较为坚实的基础。

老子与生态

　　道教十分注重"无为"，无为是《道德经》中的重要概念。西方人把无为翻译成什么都不做，消极避世，没有作为，这实际上是错误的字面理解。"无为"真正的意义是，在"空"的境界中，顺应天时、地利、人和去积极做事：恬淡无为。无为的道理告诉练武的人们要放松身体和精神。如果练功绷得太紧，则无法发力。

　　我们要有无为的能力，顺其自然，积极进取，通晓自然，明晰社会。老子认为：淡然无为，神气自满，以此为不死之药，而天下莫我知也。这与中医讲究防病重于治病的理念相似。在平日里保持清静无为的心境，能够帮助人们提升机体免疫力。

　　中国的发展亦是如此。中国人一旦遇到问题，就会解决问题，根据问题而进行调整。没有问题时便顺应自然地前进发展。譬如，中国经济便是"摸着石头过河"，顺其自然发展，而不是硬生生造出一座桥。进入新时代后，中国政府顺应新的发展特点调整政策方向，把生态文明写入基本国策。面对经济全球化的历史大趋势，中国选择积极响应，并且支持多边发展和全球的可持续发展，与世界舞台上的其他国家寻求平等、友好地对话和合作。

第二章

寻找香巴拉：经济增长同可持续发展再平衡

新世纪的第一天

2000 年 1 月 1 日，北京。早上六点半，天气寒冷，街道也很空阔，我正骑着自行车去往天安门。前一晚我睡得很好，因为我觉得我有必要一早到天安门广场——中国象征意义上的中心去观赏中国世纪的黎明。

寂静的街道看上去格外冷清。当我从中而过时，北京清晨的冷空气刺穿了我的手套，紧紧地贴着我的手。黎明前的天空是暗灰色的，这是北京寒冷冬天的颜色。我骑行在寒风凛冽的狭窄小巷，当我到达天安门广场时，眼前的景象使我大吃一惊。在千禧年的跨年夜后，这片开阔的广场上站满了人。

人们挤在一起，伸长脖子，偶尔才能瞥见身着绿军装的士兵拿着中国国旗。他们从天安门中走出，来到了众多围观者中间的旗杆旁，也同样耐心等待着这个历史性的时刻，等待新世纪的第一缕曙光。

当清晨的阳光奋力穿过灰蒙蒙的云层时，我回想起了 20 年前我刚来中国的时候。那时，中国和美国刚刚建立起正式的外交关系不久。每晚，人们都得排起长队，用票据来购买计划经济体系下配给的粮食。最简单的自由市场才刚刚开始，而私营企业还是闻所未闻的。每个人都穿着灰色、蓝色或者绿色的衣服，没有其他的选择。没有人敢把香水作为礼物送给一个女孩，因为担心她会被贴上标签。餐厅都会在晚上七点准点关门，城市灯光也会在那不久后熄灭。那时的生活标准苛刻，生活商品稀缺，生活方式简单。

20 年后，在新世纪的黎明时分，我站在天安门广场上，清晰地感受到中国已经发生了巨大的变化。自由市场已经成熟，现在几乎已经开始主导中国日趋流行的零售业。互联网革命支撑的私营企业已经成为中国经济快速增长的重要部分。那天清晨，在我身边的年轻人群里，我可以闻到羽西香水的味道。他们染着多彩的头发，有紫色、黄色和绿色，是昨晚刚参加了派对过来的。

当中国的五星红旗在寒冷的黎明展开时，人们的心中油然而生的是一种自豪感，因为中国已经走过了很长的一段路。在新世纪的第一个清晨，来天安门广场看升国旗的人越来越多。在这样的一个世纪过渡的特殊时刻，人们总会情不自禁地去想未来会带给我们什么。这种期待感，是你可以在这群清晨等待太阳升起的人群中深刻感受到的。

中国的世纪

"十五"计划是 21 世纪中国的第一个五年计划。"十五"计划要求：2001—2005 年，中国国内生产总值持续稳定增长；提高国有和私营企业的效率；技术研发要有创新精神；生活水平从小康提高到更加富裕。毫无疑问，这项任务一旦成功，世界将见证中国社会的生活水平发生前所未有的转变。

在新世纪中国经济增长的第一阶段，中国实施积极的财政政策，主要投入基础设施建设项目，重点关注中国西部和内陆地区的发展。中国有着广袤的疆域和众多的人口，再加之其发展的不平衡，造就了发展经济学上绝无仅有的独特情形。简而言之，中国代表了发达国家与欠发达国家传统关系的缩影，因为它一边有着可以匹敌亚洲重要城市的沿海都市，一边也有着一些未受沿海发展影响的、欠发达的农村地区。中国广袤却不发达地区的成长，势必扩大国内市场，以此推动中国沿海和工业化地区的扩张，减少对出口的依赖，成为增长的重要动力。

一项重大的基础设施发展计划正在开展，其中包括铺设大量的公路和铁路，建设新的城区，以此连接分散的乡镇。电力线路和供水系统的铺设为内陆地区更健康的居住环境做出了贡献，以此锚定那些 20 世纪 90 年代被用工潮吸引到沿海地区的流动人口。这个过程需要政府通过一系列的债券发行提供资金支持。

在下一阶段，改革后的银行系统应为中国新型的蓝筹股企业（常被称为"红筹股"）提供金融实力，由此鼓励它们对西部和内陆地区进行投资。幸运的话，它们就会被那些地区所吸引，因为随着生活方式的进步和收入的提高，那里新消费者的需求将会带来很多机遇。在国家资助和指导基础设施发展推动下，新兴市场将因增长而成型。

"铁饭碗"制度向现代商业化社会福利体系的转变将持续进行。保险和养老金的改革很可能会对中国下一代劳动力的心理和前景产生最深远的影响。公共住房向商业化地产的转变，以及保障房的引入与一般信用体系的实现，都将使建筑与房地产开发变得合理化。拥有自己住宅的所有权将会改变公众的思维、观念和对更高生活品质的追求。

随着中国加入世贸组织和过去受保护领域对外资的放开，中国的消费品零售额开始爆炸式地增长。由西方成熟的消费者商业模式与中国消费者的传统习惯相结合的新概念，创造出了一种独特又充满挑战的国内市场，并受到新潮流和新愿景的激励。这种力量也将成为中国工业部门寻求新管理体系、技术、方法的主要驱动力之一，它们将把西方的经验与中国发展中的市场消费者行为模式的现实性与局限性相结合。

互联网革命也已经来到了中国。2000 年，当大大小小的公司酒店会议上还充斥着"赚快钱"这种风险资本运作的兴奋感时，中国领导层已经敏锐地意识到了数字与信息技术对于中国体系的巨大价值，并将其列为首要任务之一。政策制定者和来自教育机构训练有素的年轻知识分子，都寻求着能最有效利用这类技术的方法，并想将其用于系统改革和研究，以及商业利益的增长。这场革命的影响最初体现在中国银行和金融系统的强化上。因为在那些系统里，风险分析和信用体系的发展都将依赖于信息技术的有效应用。如果能将信息技术应用到中国科学技术研究机构的研究上，那结果会更加惊人。

20 世纪 90 年代，手机移动通信进入中国。中国落后的电信系统一下子升级到了和世界其他国家一样的先进程度，这主要归功于中国曾经的电信系统是一块白板，因此最新的基础设施平台能够很好地建立起来。中国也需要最新的科技，中国消费者也需要最新的手机款式和高科技的时尚感。这些需求都超过了很多投资者的预期，他们很快意识到，只有把握住中国消费者的心理变化速度，才能够在中国市场保持领先。

是的，不久之后，高科技和互联网与中国媒体电视和通信系统的融合使中国走在了全球信息产业发展的最前沿。然而，在对这些变化兴奋之余，我们也应意识到硅谷发展的互联网商业模式可能在中国并不适用，牢记这点非常重要。和大多数领域一样，独树一帜的中国模式会随着时间的推移和自然融合的实践而出现。因为所有在中国生根发芽的外国观念、哲学、技术、科学、商业概念和模型，都已充满"中国特色"。互联网科技也不例外。

发展的反思

2002 年 3 月，北京，东方君悦大酒店的大堂热闹非凡。2002年世界经济论坛的春季会议便是在这里举行。中国业界有些名气的人应该都来了。

我开始有了一些别的思考。

从局内人的角度看，中国大规模的改革已经完成。国有企业正在转型为全球跨国公司，中国已经加入了世贸组织。这已经为中国的市场经济设定了一往无前的道路，与世界其他国家的经济往来也是不可避免的。

中国已经找到了自己的道路，并决心一直走下去。中国新一届领导层也更加自信，并不再迫切需要外国经济学家的高度参与。

西方媒体还在继续讨论着经济改革，但是对于局内人，这早已不是一个问题。大结构的改造已经完成，但汇率和利率问题还在吸引着媒体的注意力，西方的政治家也在关注着这些。中国会使自己的货币升值或贬值吗？这些只是松紧阀门的技术性问题。

对我而言，关乎万亿美元的问题是：中国的领导层能否建立起一种信心，使其经济成就能够得以延续？

无论是在解决通货膨胀或 1997 年金融危机，还是进行国有企业改革，中国已经证明除了华盛顿共识的僵硬路线以外，还有另一种路线可走。整个南亚、非洲、南美洲的新兴经济体都在密切关注，他们痴迷地观察着中国的进程。

中国已经脱离了西方经典的经济发展模式，其经济发展的成功已经证明西方的程式是僵化的。但深层的矛盾抓住了中国的社会。过度模仿全球化的品牌和对金钱的快速狂热消耗着人们的心智。节俭、耐心、长远计划，这些促成中国改革成果的品质在改革的过程中却被逐渐磨损。而这些品质的缺乏反过来又开始威胁到了已经取得的成就。在经济高速发展中，一部分人却忽视了自然环境。在短短的几十年内，中国成为世界第二大经济体，却也付出了巨大的环境代价。

中国掀起经济建设的热潮时，一个泼冷水的问题必须提出来：这样的经济发展能够持续吗？

我想起了我在 1992 年找到破屏风的那间仓库，它坐落于北京郊外的农村。有新闻报道称，那个村落将很快被拆除，为豪华别墅的房地产开发项目让地。屏风上一字字刻下的中国古代的道德准则瞬间在我脑海里变得无比醒目。

我开始思索我当初为什么会来到中国。

是因为中国的哲学吗？中国哲学融合了佛教、道教和儒学的理念，其中的一个观点认为生命是天人合一的产物。看来这个古老的法则能应用于现代。我有很多商界、学术界和新闻界的朋友都对这种生命的诠释很感兴趣，并开始研究中文，最终移居中国。

　　想到这些事情，我开始思索中国传统的准则有没有可能被以某种方式完整地保存下来。我很快就有机会去到中国西部一探究竟了。

寻找香格里拉

北京的春天，茉莉花正在苏醒。国务院新闻办公室向我征求的建议已不是如何吸引外商投资，而是如何重建中国的传媒行业。

那是 2002 年，中国正在启动一项财政支出计划。中国政府想刺激国内消费以减少对出口的依赖，这就意味着开始关注对中国西部的开发，而不再仅仅关注于东部沿海城市。基础设施建设将开启"西部大开发"。

"我想改革我们的媒体，不去用呆板的宣传。"国务院新闻办公室的官员解释说，"现在，我们要如何利用媒体积极地引导大家对中国西部进行投资呢？"

我想了想，说道："事实上，与其用硬性的东西冲击你的观众，不如倡导他们自己去旅行，到中国的西部地区去，做出自己的判断。这样真的会更加有效，相信我。中文里有个成语叫'调虎离山'，这是三十六计中的其中一计。你只管吸引人们去旅游，让他们自己去看看。如果媒体能做到这点，这将是一大进步。"

我又开始想起中国传统文化的那些事情，恍惚间觉得这些事情可以被联系起来。我的思绪被打断了，因为他突然兴奋地讲起中国西部大开发的多层次投资政策："先是国家投资基础设施，然后用这些基础设施吸引中国的私人投资，然后再用中国私人投资创下的财富吸引外商投资。这些投资累加起来，既能提升人民的生活水平，又能为中国沿海制造的商品提供超级消费市场！"

我知道中国有能力成功开展这样的计划，但我也担心这会对环境带来负面影响，会破坏千百年的传统和当地本来可以真正保护环境的生活方式。

"我们确实也应当重视这个问题，"他点点头，然后转向我，"但是要怎么做呢？"

我还在思考传统文化的那些事。

随后灵光乍现。"我仍记得我在 1992 年去拉萨旅游的情形。那是一个非常放松的时刻，有一种无与伦比的平静之感。回到北京以后，我再也没有感受过那样的平静。如果你能用一部旅行纪录片加一本旅行书传达出这种体验的感觉，不掺杂任何目的，也不给观众与读者灌输某种思想，我觉得一定会有人想到这些地方去，亲身体验一次。"

"好主意，"他高声道，"我喜欢这个办法。"

"好啊，"我想测试一下他的容忍力，"如果你允许我来完成这部只谈旅游不说其他的纪录片和书籍，那我会在中国偏远的西部搭车旅行，然后让纪录片团队跟拍，最终创造出中国西部的一种新形象。就像 20 世纪 70 年代，一听到老鹰乐队（Eagles）的《加州旅馆》

（*Hotel California*）就会想起美国西部。我想把我的纪录片叫作《寻找香格里拉》。你同意给我这样的权限吗？"

他沉思了片刻。"我相信你，"他说，"你总能给我一些很棒的建设性意见。过去，这些意见也总能奏效。我会给你安排好一应所需。"

我愣住了，从没有想过能得到这样的回答。这个结果完全出乎意料。寻找香格里拉的旅程就此开始。

人的部落本性与对新方法的抗拒

与国务院新闻办公室官员的这场谈话仅发生在我新书发布的前一周。这本书主要是在讲 1992 年到 2002 年的十年改革。

约翰·威利父子出版公司（John Wiley & Sons，Inc.）的代表在北京匆忙地准备着新书的发行。他们决定将新书发布会安排在世界经济论坛的北京会场举行，我也正好被邀请去那里做演讲。这本书预计将会在鸡尾酒招待会上发布。

但西装革履的人群使我感到厌倦，我很快就从新书发布计划的讨论中溜走了。

有一天，我出门去找艾敬闲聊。她是中国顶尖的流行歌手。我们约在北京的一家星巴克碰面。说来也巧，这家星巴克位于怀旧感十足的友谊商店内，这正是 1981 年我作为交换生初到中国，下飞机后的第一站。当时我花了一美元买了一瓶可乐，令我的中国房东震惊不已。而现在，星巴克里挤满了中国年轻人。

"这部纪录片真是你所有点子里最棒的一个，"艾敬看着她的咖啡，然后说道，"我认为只要你观察得足够仔细，你就能在一杯拿铁里找到香格里拉。"我紧盯着我的杯子，但什么也没有看见。艾敬说："你看得还不够仔细。"

她向我解释说，过去，云南、四川、西藏都想使用"香格里拉"这个名字去推动旅游业的发展，于是就展开了一场激烈的辩论，最终云南北部的迪庆藏族自治州荣获了"香格里拉"的称号。

将香格里拉授予迪庆州的理论依据是詹姆斯·希尔顿（James Hilton）所著的《消失的地平线》（*Lost Horizons*）一书和约瑟夫·洛克（Joseph Rock）的探险笔记。约瑟夫·洛克是《国家地理》杂志中国西南地区的第一任总编，他在迪庆州和丽江地区待了十八年。但我后来才知道，他作为西方人不太熟悉这里的发音，把"香巴拉"误听成了"香格里拉"。

我告诉艾敬，我获得了许可，可以去到西藏等地拍摄纪录片。她十分清楚其中的困难，所以大叫道："这真是前所未有的一个难得的机会啊！"并表示愿意提供帮助。

其实，当时的我对音乐创作、电影制片一无所知，甚至对摄影和设计都一窍不通。而现在，我却要成为一个全媒体纪录片项目的导演，连剧本和摄影团队都没有。于是我让艾敬掌控全局。不到一个礼拜，艾敬就组建起了一支一流的队伍。中国最受欢迎的作曲家之一三宝是蒙古族人，他答应为整部影片配乐。他的助理杨涛则负责乐曲的制作和剪辑。有多年西藏拍摄经验的摄像师窦焱来负责摄影团队。艾敬则负责艺术指导。我唯一的工作就是去问"香格里拉在哪里"，这个问题后来成为贯穿整个作品的主题。有了摄影组，我便开始搭车旅行，询问香格里拉的方向。

此时，我的新书发布也即将到来。

出乎我们意料的是，世界经济论坛的组织者拒绝将我们的新书发布会放到官方的项目列表里。他们的理由是保罗·科埃略（Paulo Coelho）（译者注：保罗·科埃略是巴西著名作家。他的著作全球销量已经超过1.6亿册，是历史上作品最畅销的葡萄牙语作家，代表作是《牧羊少年奇幻之旅》）也被邀请出席了。宴会厅旁的那个小房间，已经预留给他，他将为商界人士举办一场"作家之夜"。我的出版商质问主办方，这场世界经济论坛的主办地在北京，又不是在南美洲，这样做怎么合理？现在中国正处于改革的关键时期，中国加入了世贸组织，并获得了2008年奥运会的主办权。怎么可以忽略一本涵盖这些事件的书，无视深度参与到这些进程中的作者？

没有答复。

我的一位好友，香港时装设计师张天爱（Flora Cheong-Leen）有了一个想法。那天晚上，她本来要去参加世界经济论坛开幕晚宴的时装秀。因此她建议我们在晚宴之后，租用君悦酒店的大堂休息区，在那里摆满我的新书，再开几瓶香槟，请一支爵士乐队。等到了晚上，她会把她整个时装模特团队带来开场。"你想弄点剪彩之类的仪式吗？"她问我。

"不用了，"我回答道，"只需要每个女孩手里拿着一杯香槟，和参加派对的商人或记者聊天就行，祝他们玩得开心。"

随着晚宴的结束，大批参加世界经济论坛的人们都从宴会厅里走出，并乘坐扶梯下楼，而我的新书发布会便正在君悦酒店的大堂里举行。大堂里流淌着爵士乐，许多美貌的中国时装模特进行表演。派对一直开到凌晨才结束，世界经济论坛的组织者也别无选择地加入进来。最终，保罗·科埃略也出现在我们的派对上，这令我们倍感荣幸。他原本等候在宴会厅旁闷热的房间里准备着"作家之夜"，却没有几个商人出现。这些商人似乎更喜欢去和张天爱的模特们聊天。

中国正处于经济高速增长时期。几乎每一位在北京待了十年以上的企业高管都在努力赚钱并转行为顾问。在那天的鸡尾酒会上，我收到了很多老友的名片，他们都是刚刚转行的新顾问。之后我开始推销我那本等候多时的新书，大家都来祝贺我已经成为超级顾问。

但对于这些，我已经没有多少兴趣。参与了十年自上而下的货币政策与经济改革之后，我更想去实地观察一些东西。拍摄一部纪录片则是能带我去实现目标的最快方式，它能使我遇见一些我应该遇见的人。

那晚，当我被邀请讲话时，我感谢了我的出版商和好友多年以来的支持，但之后我发表了令每个人都感到出乎意料的一番话："写完了波澜壮阔的经济金融改革之后，关于中国，近十年可能我已经没有什么好写的了。对于那些一直在北京陪伴着我的人，我要感谢你们多年以来的支持。但我现在要离开了，我的法律投资咨询业务也将关闭。我要去西藏拍纪录片，我要去寻找香格里拉。"

我的出版商与我解约了。

这是乔治·索罗斯（George Soros）的出版商约翰·威利父子

出版公司最不想遇到的事情。他们把这些分得很清楚。出版商代表尼克·沃尔沃克（Nick Wallwork）明确地告诉我："我们只会出版精英的财经书籍。"

回想起来，我觉得这种反应完全是由于部落主义。商业组织、政府网络、媒体和出版商的工作都是以人性为基础的。从本质上讲，人是具有部落本性的。如果你穿着昂贵的西服，打着领带，说着一个领域的行话，那这类人就会相信你，赞美你的工作，像狼一般在你身边周旋，等待着你可以为他们带来利益的一天。如果你穿着破旧的牛仔裤，顶着一头脏乱的发型去做社交工作，那么你就会遭到他们的排斥。人们通常是意识不到自己为什么会这么做、这么想的。

多年以后，我在非洲遇到了许多非常优秀的非政府组织领导者，他们为社会企业和社区做了很多工作。但他们的工作不会得到西方媒体认可，主流媒体的精英也不会报道这些。

2002年，经济基础已经被放在了高速发展的发射架上，没有人会想到从平民百姓那里寻求全球经济体系的替代方案。直到2008年全球金融体系崩溃之后，人们才开始有这样的想法。即便如此，一些欧美精英还不承认旧的大厦已经倒塌，世界需要一个全新的大厦。即使抗议者们要求经济平等的声音在楼下的街道里回响，他们也会关上让新方法进入的大门。

那天晚上，我回到家，解下领带，挂好西服，开始寻找我尘封已久的登山鞋。

我决意要去找到香格里拉。

积极行动时应追求物质与精神的平衡

2002 年，拉萨。贡嘎机场建在雅鲁藏布江的一侧。西藏的冰川融水滋养着多条亚洲河流：中国的长江；东南亚的伊洛瓦底江、萨尔温江和湄公河；南亚的印度河、恒河和布拉马普特拉河（**译者注：布拉马普特拉河发源于中国西藏，上游叫雅鲁藏布江，进入印度境内后被称为布拉马普特拉河**）。我刚抵达贡嘎机场时，就感受到了雅鲁藏布江奔流的力量，令我印象深刻。但可悲的是，在之后的几年，我看见这些水流变得越来越小。到了 2010 年，贡嘎机场边的雅鲁藏布江变成了一条小溪，两侧露出了像撒哈拉一样的沙洲，这是受全球变暖的直接影响。

我们决定，寻找香格里拉应该从拉萨开始。我们搭乘了从北京飞来的首班飞机，到达时天色尚早。当我钻进了一辆等候我们的吉普车时，窦焱便开始了拍摄。尽管时值盛夏，高海拔地区的空气依旧稀薄寒冷。

窦焱建议我先从拜访度母寺开始。当地有到达拉萨后或离开拉萨前来拜访这里的习俗。当我们进入寺庙时，僧人为我们提供了醇香的酥油茶。西藏早晨的天气依旧很凉，就像大地还没有完全苏醒，这时喝下一杯酥油茶让人感到十分温暖。我问僧人去哪能找到香格里拉，僧人微微一笑，然后建议我应该从一杯酥油茶开始。

我试着解释我们正在拍摄一部名为《寻找香格里拉》的纪录片。我的话被翻译成藏语后，僧人们都大笑了起来，然后又为我倒了一杯酥油茶。我盯着那杯茶，突然想起艾敬说过我对拿铁"看得还不够仔细"。

进到寺庙内室，度母的沉着使我目不转睛。随后几年，度母的意义对我越来越重要。

受这座寺庙的启发，我后来建起了"香巴拉宫（Shambhala Serai）"文化酒店。白度母的手势成为酒店的标志。白度母的手向前伸出，想去帮助他人，手上还有一只眼，意思是有洞察苦难的善念只是第一步，但这远远不够，最终还要以实际行动的善举来解决问题。

寺庙里只有寂静和香火，燃香在火焰里殆尽，寂静在寺庙的钟声中消散。我被度母的形象所打动，之后便离开了寺庙。

我们行驶在前往拉萨的路上。路边有一块被雕刻成大佛的岩石，佛像被涂上了明亮的黄色和蓝色，再带有一点绿色和红色。被精心系在上面的白色哈达与多彩的经幡在迎风飘动。

悬挂经幡是藏族文化里一个非常核心的部分。经文会先被刻上木板，然后被僧侣印在彩色的旗子上。旗子每一种颜色都代表着宇宙间的一种元素。僧人在印经幡时，会专注地诵读经文，将积极的能量传递给经幡。经幡会挂在山口、河流或者其他关键的自然能量汇集处或交叉处。起风时，风会把经幡上承载的积极能量传向四面八方。

我们停下了吉普车，想去看看路边的经幡和巨大的佛像石雕。我们下了车，但发现必须穿过一条小溪才能靠近石像。这时，一个小男孩自告奋勇带我们过了河。过去后，他将自己的额头贴在石佛的手上，请求保佑并许愿，他还建议我也跟着做。我照他那样做了，许下了一个愿望。

我向佛陀寻求帮助，让我寻找到香格里拉；男孩则许愿能多挣点钱。

将善念变为善举

我拨打了一个朋友给我的电话号码。朋友说他能带我去见"仁波切"（译者注：仁波切是藏文音译，是藏族信教群众对活佛最亲切、最推崇的一种尊称。通常不会直接称其为活佛，更不能直接叫其名字）。

"对，我是边巴。"一个声音回答道，"仁波切现在就在拉萨，我明天带你去见他。"

第二天，我第一次见到了边巴。

他带我去了仁波切的家中，那是药王山附近的一座静谧的藏式庭院。

药王山的悬崖峭壁耸立在林廓这条朝圣之路上。有数百人在那里磕长头。陡峭的悬崖上刻着无数的佛教神像，色彩极为鲜明。

古代艺术、民族传统和当地人们的很多思想和做法能兼顾整体性和现代性，因为两者其实并不矛盾。在许多方面，当地人的本土知识比我们所知道的要多得多，因为我们总是遗忘或者选择性忽视了前人的成就。我们现代有些行为和事物并不值得称道。

仅仅由于我们能用电脑打字，玩手机，就能够说明我们真的很先进、很聪明吗？

走在烛光照亮的壁刻前，我预想不到这个地方和这里的人们将在我的生命中变得多么重要，我和边巴的生活也将与西藏交织在一起。更想不到的是，仁波切的家将是我之后几年常来拜访的地方。

结果仁波切不在家，我们黯然离去。边巴说，仁波切有可能去大昭寺做晨祷了。于是我们去了大昭寺广场。边巴注意到了一个穿着黄色和藏红色衣服的男人正在一家尼泊尔风味餐厅的阳台上向我们挥手。那是仁波切的助手，他被派来找我们。

当我沿着狭窄的楼梯爬上餐厅的阳台时，仁波切笑了。他什么也没说，但是表现出他早就找到了我的神情。"你想做什么？"仁波切直接问道，就像他已经知道了答案一样。

"我在执导一部关于香格里拉的纪录片。"

"这是一个好主意，会让更多人来寻找香格里拉。"他笑道，然后把双手叠在他藏红色的长袍上，思考了片刻，"这个过程需要断舍离，将非物质的东西从物质中分离开来，然后把一切都降到最基本的量。"

和仁波切短暂交流之后，他碾碎了我先前所有的假设，并改变了我的思维方式。

"大部分人都很注重物质生活，"仁波切说道，"他们忙于追求物质，压力大，还不开心。所以他们常来问我如何释放压力并找到平衡。我解释说，金钱和财富会给人们带来一种满足感，但也常常会带来更多的痛苦。因为拥有更多东西就意味着要牵挂更多东西，这就带来了痛苦。丰盛的物质会让你暂时开心，但人们却总想得到更多。我们把这称之为欲望。"

"那么怎么找好平衡呢？"我怀疑地问道。

"你应当满足于够用的钱与够用的物，不要再去追求更多的东西。然后你就会感到开心。否则你将永远得不到满足。"

我便顺着这个话题问仁波切，我应该怎么找到消失的香格里拉。

他的回答使我惊讶："香格里拉是'香巴拉'的误读。有一个叫詹姆斯·希尔顿的作家写了一本书叫《消失的地平线》，尽管风靡世界，但他根本不知道自己在写什么，"仁波切大笑道，"他甚至没有为此来过西藏或者亚洲。"

"我们可以通过冥想、梦境或日常生活去感受香巴拉，"仁波切继续说道，"如果我们都有这个意识，那我们的世界便能成为香巴拉。但这个过程还需要我们的行动，让我们的善念变为善举。"

我立刻明白了他的意思：我们需要为自己的文明与环境的毁灭负责，但只要我们有意愿，我们仍可以改变命运。

三菩萨经济学

拉萨老城中心的大昭寺是拉萨的一个重要场所。公元七世纪，松赞干布主持修建了这座寺院。穿过厚重的红色大门，我进到了大昭寺。周围弥漫着香火和酥油的味道。我爬上一个狭窄的楼梯来到了屋顶，想找到尼玛次仁。尼玛次仁是大昭寺的著名喇嘛，机敏智慧，善于将古代佛学思想带入现代背景进行实用的解读。很多人因他率真的言论而来到拉萨。

当我找到尼玛次仁时，他正站在大昭寺的屋顶，周围的群山覆盖着积雪，绵延起伏的金色屋檐被衬托得无比神圣，仿佛整座寺院都是飘浮在云端的宫殿。

他请我喝酥油茶。

"僧人们都忙着打扫游客扔下的烟头和杂物，"他说道，"他们都没有时间冥想了，这会影响他们的专注力。如果我们的僧人成天忙着打扫游客乱扔的垃圾，他们还怎么能帮助游客答疑解惑呢？"

我问出了我的问题："如何才能找到香格里拉？"

"问题并不在于如何找到香格里拉，而是如何把香格里拉找回来。"他一边对我说着，一边在藏红色长袍下挥舞着他的手。西藏刺眼的阳光在我们脚下投射出细长的影子。"在经济发展的比赛中，我们建起工厂，实现技术的现代化并追逐财富。然而，物质的丰盛也带来了许多痛苦，失去了平衡。拥有经济、工业和西方的现代化是远远不够的，如果我们的世界失去了幸福快乐的一面，那我们最终不得不把香格里拉找回来。"

他带着我绕着寺院走了一周，然后领我去到了其中的一个房间。我们分别坐在一张油腻的藏式桌子的两侧。他倒了一杯酥油茶，双手递给我，坚持让我喝几口。

我不确定这个杯子是半空还是半满。

"如果能把精神价值观作为行动的道德基础，并将其与理性的经济发展相结合，那么我们都会向着真正的香巴拉前进。"

在我一路上遇到的所有人中，只有这位智慧的喇嘛将一系列哲学思想和实际观察置于更为广阔的背景之中。他就是帮我把点连成线的人。未来，他的思想会变成一种新的经济范例：喜马拉雅共识。

尼玛次仁身体前倾，面向厚厚的橙色土墙低声说道："地球可以变成香巴拉，就是你们西方人说的那个'香格里拉'。请继续你的旅程，但记住，你的旅程将会把你带到你已经去过的地方。香巴拉本不用去别处寻找，它可以被我们每个人随时随地创造出来。要创造它只有一个问题，那便是我们自己想不想。"

尼玛次仁甩动了一下他藏红色的长袍，把我带到了走廊尽头的一个神殿，里面有三位菩萨的雕像。

尼玛次仁开始解释每个菩萨的职能："中间的是观世音菩萨，她代表着慈悲；旁边的文殊菩萨掌管着智慧，手持一把斩除愚昧的金刚宝剑；另一边则是金刚手菩萨，他手持闪电状的金刚杵，能够消除苦难和幻想。"

尼玛次仁接着解释了为什么同时需要三位菩萨："如果没有理性的实用主义和充足的资源，仅在情感上无谓地表达慈悲将毫无用处，最终甚至可能祸害他人。但另一方面，个人或国家有可能拥有巨大的经济实力和技术知识，但如果没有慈悲之心，权力和技术则可能会被滥用。"

尼玛次仁让我重视这三位菩萨所表达的思想，懂得智慧、伏魔与慈悲，并让三者保持平衡，通力合作。他说这个体系可以适用于万物，从政府行政管理与经济发展，到个人层面的日常生活，不论是关心他人还是照顾自己。

2002年，北京。在青藏高原拍摄数月之后，我们回到了北京。

对我而言，旅行的过程已经变得比终点更重要。

路上遇见的这些人比影片本身更有意义，其中四人让我最受启迪：藏族艺术家昂桑（音译），他大力支持了一家为残疾工匠建起的工厂；白族舞蹈家杨丽萍，她通过艺术表演来保护传统文化；环保主义者乌托里，她倡导生态旅游以保护生物多样性；僧人吉美坚赞，他建立起了一座牦牛奶酪工厂来帮助游牧部落，并将其收益投资牧民学校。

他们的事迹改变了我的生活。

将希望的哲学信仰传递给最需要希望的人

在拉萨一条安静小巷的安静小屋，我找到了艺术家昂桑。他家附近种着玫瑰和巨大的向日葵。在强烈的紫外线下，西藏太阳花的怒放好似艳丽色彩的爆炸。向日葵是许多伟大艺术家的灵感来源。

昂桑带领着一群另类的西藏画家。在未来的岁月里，他们将成为拉萨艺术界的核心。昂桑对我谈着生活中那些让他获得艺术灵感的事物，而我则注意到了他工作室桌上一些藏族服饰的设计。有一些设计稿已经完成，另一些只是粗略的草图。他解释说："这些设计将会被藏族舞蹈团使用，而衣服则会由西藏残疾人的工厂制造。这家工厂只生产传统藏式设计的产品，除了衣服，还有药香和传统藏纸。你想去参观这个工厂吗？"

昂桑开车把我送过去。他的吉普穿过一个大门，进到了一个安静宽敞的院子里。工厂厂长强巴遵珠出来迎接了我们。强巴遵珠是一个非常温柔礼貌的人，他希望能用实际行动来帮助残疾人。

作为一个外行，他开了一家工厂，为西藏的残疾人提供了就业和一种体面的生活方式。他将自己对希望的哲学信仰，传递给了那些最需要希望的人。

强巴刚开工厂的时候没有多少钱。他没有获得外界的支持，没有投资。最早的时候，他们只能在寒冷的夜晚露天生火做饭，连厨房都没有。后来每一笔小生意的利润又重新投回了这个项目，工厂才逐步建好。昂桑经常为这里带来他的创意。

这家工厂只生产藏式产品，这令每一个在这里工作的人都感到骄傲。一共有 28 名残疾人在这里工作，工厂就是他们的家，他们的社交圈，他们的一辈子。强巴作为厂长，带给了他们人生的方向、机遇与希望。当他的两名残疾工人结婚时，他会代表双方的父亲出席婚礼，因为在大多数情况下，残疾工人没有什么亲人来参加他们的婚礼。

不仅仅是养活自己，这些残疾工人还帮助了一百名西藏孤儿，这些儿童大多也是残疾的，他们都住在福利特殊学校，而强巴也是他们的校长。强巴用工厂的一部分利润在工厂旁边的空地上建起了这所学校。这些孩子住在这里，学习汉语和藏语。他们也自己写歌自己唱。

生态旅游对当地文化与环境的保护

我遇见乌托里·萨尔喀·喀莱苏（Uttara Sarkar Crees）时，是在迪庆州一个被群山环绕的山谷里。她具有一种只有安静和谐之地才能找到的能量。

乌托里的一言一行都投射出她与环境合为一体的感觉。她在印度出生，在非洲长大，然后基本待在了喜马拉雅地区，运营一个生态旅游的项目。她的目标是让当地居民意识到他们应该珍视和坚守的东西。

所以她创办了建塘生态旅行酒店。

"我决定建立一座具有藏式风情的传统酒店，"她解释道，"这类旅游业需要建立起特定的管理标准才能保护这个地区的文化与环境。它还必须是可持续发展的，这是生态旅游的基本点。"

原则很明确。"其实，生态旅游并不需要旅游管理学院教授的那些复杂管理模型与技能，也不要求酒店行业工作的多年经验，"乌托里说，"生态旅游只要求常识，为某种生活方式建立一个哲学平台并活在其中。"

旅游业是一把双刃剑。一方面，旅游业可以创造就业，为社群带来经济利益，使当地居民有能力去保护甚至发展他们的当地文化。但另一方面，如果不加以管理，旅游业会冲淡当地文化。

"也许，等那些寻找香格里拉的人来到这里时，找到的却是与期望相反的东西，因为大批游客已经践踏过了这里。"我说道。这是我最害怕的情形。

"如果这真的发生了，那就危险了。"乌托里说，"大量游客带来的最大的问题就是垃圾。人们总把可乐瓶和方便面盒子从大巴的窗子扔出，不管去哪里都是如此，因此我们必须引导和教育。你看酒店门前的这块草坪，这里有超过六十种不同的野花，许多野花都在这里生长很久了。但你想想，如果成千上万名游客从这些野花上踩过又会怎样。这就是生态旅游这个概念的要点所在。你在这设有引导，所以花和树受到了保护，没有破坏环境，或者说将破坏降低到了可逆的程度。否则的话，游客们看见的这些东西，都将在五到十年内消失。"

随后，她又补充道："一个没有被教育引导过的人所能造成的影响，比十个受过教育或者关心环境的人所造成的影响还要大。那些没被教育和引导的人会随地扔垃圾，吃完野餐留下一堆残余，让塑料袋到处飘。这些一定是会破坏环境的。还有的游客直接闯入当地人的住处，没有一丝尊重，看见什么都想买。"

"所以生态旅行不仅关乎大自然，还包括文化、建筑遗产、风俗传统和地域独特性？"我问道。

"是的，我们必须找到保护生物多样性的方法，让这里尽可能地保持自然与野生状态。整个山系都是我们的自然保护区，其间还有一些民俗村落。这些山脉是野生植物的宝库，山上有一些非常小的植物物种正在从地球的其他区域消失。我们在尽力帮助这两个村落获得旅游收益，也同时保护这里，维持原来的模样。但我们很害怕大开发商，据说有位开发商声称要在这里建起一个占地五十平方千米的游乐园。这正是这里不应该发生的事情。这将彻底改变香格里拉。"乌托里无奈地摇摇头，"中国已经有很多大型游乐园了，我不明白为什么还要重复修建，而且一定要建在这里。每个地区都有自己的独特之处。我们的独特之处便在于，我们是地球上仅存的两百处高生物多样性地区之一。"

"如同所有的村子一样，"乌托里继续说道，"这里总会有土地和家庭的纠纷。村民也容易被聪明的商人所收买。这是很危险的。但是通过我们生态旅行的工作，我们帮助他们了解了他们所拥有的到底是什么。"

"是怎么做到的呢？"我对此很感兴趣。

"我们用一个故事来做到的。"她弯下腰，打开了一个藏式的旧箱子，并拿出了一卷海报。展开其中一张海报，上面画着两只卡通青蛙在一个碗里跳跃。

"这是一个藏族的故事，讲的是两只青蛙被困在了一个装有牦牛油脂的碗里。"乌托里解释道，"一只青蛙尝试着跳出去，但发现油脂太过黏稠，黏住了自己。于是它认命了，死掉了。另一只青蛙却没有放弃，它一直跳，一直跳，把一碗油脂搅和成了牦牛酥油，变成了一个固态的平台，它便轻易摆脱了油脂并跳了出来。这个故事的寓意成为生态旅游的生存之道。每一个相信可持续生态旅游的人都必须坚持战斗，坚持努力。"

乌托里指向了酒店后面的一座山，那里开满了蓝色的小花。经幡被挂在石头之间，人们相信，好运会从两山之间流向村庄。

"那座白塔原本是我们当地合作伙伴的曾祖父辈修建的，后来我们修复了它。"乌托里回忆说。翻新白塔是乌托里在这里做的第一件事，比修建酒店还早。"每年我们酒店的员工都会印好经幡，并把它们挂在两山之间。这样能量就会在山间流动。"

我几乎"看见"了能量流动。

直觉与靠近大地的力量

几周后，我们的纪录片团队从西藏来到了青海。这是中国的另一个省。每隔几百千米，我们就会路过一个如同"狂野西部"的小镇。小镇上的藏族牧民戴着高高的牛仔帽和塑料太阳镜，骑着大摩托。摩托车上系着哈达，印有寓意吉祥的藏式符号。他们每天都会来大街上打桌球，所以街上也常常挤满了羊群。

我们的吉普车蹚过冰川融化流下的冰冷河水，一路向前，开到了路的尽头，于是开到了草原上。后来我们又进入了一个山谷，我注意到一个穿藏红色长袍的僧人在河对岸挥手。我们便停在了他坐着的那块石头旁。他留有络腮胡，胡须一直延伸到了他精灵似的耳朵，但也遮不住藏在下面的笑容。"你们是不是在找吉美坚赞的奶酪工厂？"他笑道，"这就是你来这里的原因吧。你以为你在找香格里拉，但其实你在找我们的奶酪工厂！"他开始大笑起来。

在西藏拍摄和工作的这么多年里，我意识到，那些住处靠近大地的人们明显有一种天生的直觉，他们的这种能力远远超过了城市居民。由于我们过度依赖技术，对于事件和变故的直观感知能力已经退化。

那位僧人挥一挥手，示意我们向前走。抬头便能看见前方山脉顶着一座雪峰，老鹰俯冲得很低，好似触手可及。一条冰冷的河流在我们前方流淌。我们先沿着河走，然后又穿过了它。河上没有桥，所以我们只能踩着石头过河，一步踩一颗。

一座小小的工厂出现在了我们面前，和周围的万物形成了鲜明的对比。

工人们从工厂大门走来迎接我们，窦焱立刻开始了拍摄。此时另一位裹着长袍的僧人也走上前来，他正是吉美坚赞，是这个牦牛奶酪工厂的厂长。在接下来的几天里，我们发现他还掌管一座寺庙和几所学校。

我惊呆了。这个工厂的位置极为偏僻，所以完全缺乏物流运输，在我这个装满西方商业逻辑的脑子看来是完全无法理解的。仅是找这个地方，就花了我们好几天时间，所以我带着挫败感问道："你怎么能在这里建工厂产奶酪呢？这里离市场远，离运输枢纽远，离什么都远，离什么都不近！"

"我们离牦牛近，"吉美坚赞淡淡地解释道，"你看，我们生产的是牦牛牛乳奶酪。"

被碾碎的商业逻辑

一位妇女，脖子上戴着一大串琥珀，头上戴着巨大的牛仔帽，正倒着酥油茶。一匹白马正在附近的草地上吃草。很快，杯子里都盛满了酥油茶。我朝杯子里看去，这一次我看得很仔细。

在接下来的几天里，吉美坚赞完全改变了我对奶酪、牦牛、山区、群众和教育的看法。最重要的是，他击碎了我对优秀商业模式的设想。

我让他带我看看他的工厂，但工厂其实很简单，只有三个大房间。

在我们进工厂之前，吉美坚赞要我穿上橡胶靴、白大褂和面罩，感觉就像要进入手术室似的。"我们必须遵从国际卫生标准，因为我们生产的牦牛奶酪还要出口。"吉美坚赞一边解释一边挥着手，就像他要把荷兰高达（Gouda）（译者注：高达是世界上最有名的奶酪之一，因产自荷兰高达镇而得此名）赶出市场一样。

不过，进到这个小小的工厂倒真有些像踏进了阿姆斯特丹郊区的奶酪厂。它们都用着相同的技术，把牦牛奶倒入搅拌加热的大桶，然后再流入模具，最终在冷藏室的木架上凝固。我相信了，吉美坚赞是真的在制造奶酪。

现在只剩一个问题了："为什么建在这儿？"

"我们要离牧民很近，这样牧民才会每天早晚送来牦牛牛奶。他们会从那道门送来。"吉美坚赞说道，手指向了一间侧门，这扇门则是通向有加热搅拌大桶的房间。

"但你离分销点很远。"我回应道。我又自愿当起了法律投资顾问，开始给出"专业"意见："这里没有路，没有连接点。你处在牧民村落的中部，周围全是荒无人烟的草原和山脉。如果你想将你的奶酪卖到全世界，或是说全中国，那你必须在靠近基础设施和分销点的地方生产。"但没过多久，我就明白这些建议毫无用处，因为我根本不懂牧民的天性。

"我不考虑分销问题。"吉美坚赞说，"因为我只是不想在一个可能对牧民不便的地方生产奶酪。"

但这还是说不通。"那你在牦牛村里生产牦牛奶酪，是怎么把奶酪送到市场的呢？"因为他还没有解决我的问题，我便继续问道，"实在不好意思，因为我觉得仅是为了牧民送牛奶的便利而在此处建工厂，是不符合商业逻辑的。"

"但这就是重点啊。"吉美坚赞坚持着，"你看，他们都住在山区，在高海拔的牦牛毡房里度日。他们没法轻易离开山谷。所以才在这山里建一座工厂，他们每天都能送奶过来，甚至一天两次都行。这样才能保证牛奶的新鲜。"

我还是不太明白："你也可以在城市或分销点的工厂附近饲养牦牛啊，对吧？"

"不对，这样就不是野生牦牛奶了。"吉美坚赞叹息道，"也就是说，那不是牧民牦牛的奶了。我的真正目的就是帮助牧民。"

现在我突然明白了吉美坚赞的动机。

他解释说，牧民以放牧为生，从传统意义上讲，他们没有收入，都是以物易物。但现在经济变革随处可见，他们开始需要现金来购买商品。吉美坚赞每天都在购买牧民的牛奶，为他们提供收入，也不影响他们传统的生活方式。事实上，吉美坚赞不仅没有改变牧民传统的生活方式，还支持着，强化着。

吉美坚赞的应对措施便是用奶酪的利润来建学校。他指向另一条山谷："明天我要到那条山谷去给新学校的围墙定线。那所新学校也是用牦牛奶酪的利润修起来的！"吉美坚赞用一种更加概念化的方式为牧民提供了就业和教育，促进了牧民部族的可持续发展，与牧民的生活息息相关且意义重大。

即便如此，吉美坚赞还是得面临从偏僻工厂分销奶酪的困难。每天，他都会把吉普车里塞满奶酪块，跋山涉水开到玛多。那里有许多茶馆和啤酒屋，看上去就像美国西部电影《正午》（*High Noon*）里的场景。

在玛多，吉美坚赞所在寺院的僧人会把牦牛奶酪装上卡车，沿着蜿蜒小道行驶 15 个小时，送到青海省会西宁市。从西宁市，奶酪又会被运往中国的其他城市，最终才能抵达欧洲和北美。在欧美，牦牛奶酪是鸡尾酒会和品酒圈的顶级圣品。

与此同时，牧民获得了现金，保持着他们传统的生活方式。

吉美坚赞说，自从建起这个奶酪工厂，附近山区的牧民收入都增加了。这些收入并没有打扰到他们传统的生活方式，反倒是使他们能够继续传统地生活。在吉美坚赞看来，保护牧民的生活不仅是在保护传统，其还有更加深远的影响。他认为，牧民是脆弱濒危的生物多样性系统中不可或缺的一部分。

千百年来的牦牛放牧模式对于这个地区的生态平衡至关重要。青藏高原上的生物多样性、冻土和冰川循环共同造就着冰川河流，不仅为中国，也为南亚、东南亚的国家和地区提供水源。

第二天早上，牧民们带着新鲜的牦牛奶来到了工厂的侧门，他们的马蹄声早早叫醒了我们。我揉揉了眼，走出了吉美坚赞在工厂外为我们搭建的帐篷。我走到冰冷的河边洗了把脸，然后戴上隐形眼镜。当我回到工厂，牧民已经离开了。"他们都会这么早地运来牦牛奶，"吉美坚赞说道，"然后他们就会回到山上。"

这天早上，酥油茶配上了糌粑——这是一种像谷物麦片"木斯里（muesli）"（编者注：木斯里是发源于瑞士的一种流行营养食品，主要由未煮的麦片、水果和坚果等组成）一样的东西。吉美坚赞让我把茶水倒入碗中，用糌粑吸收茶水。不久后，这种茶水和糌粑的混合物就变成了一种黏糊的谷物糕点，有点像松软的燕麦棒。

"这是糌粑，"吉美坚赞解释道，"我们把它当早点吃，在旅途中有时也当午餐晚餐。糌粑是所有藏餐里最基本的主食。"那是我第一次吃糌粑，当时的我完全不会想到，糌粑将是我未来几年每天的早点。

我向吉美坚赞建议道："你知道吗？这个东西吃起来就像木斯里，那是一种西式的谷物麦片。你可以把糌粑和奶酪一起出口到加利福尼亚去。"

随后，吉美坚赞只是挥了一下藏红色的长袍，带我去了他的吉普车上。他坐在副驾驶的位置，另一个僧人在正驾驶位置开车，我坐在后排，挤在两个僧人之间。我发现全车只有我的衣服不是藏红色的。我们在狭窄小道上颠簸，我的摄影团队在随后的两辆吉普车上。

吉美坚赞不愧是一个永远都具有创业精神的僧人。在吉普车的一次颠簸弹起时，他突然转过身，冲着我"猝不及防"地微笑道："其实我早已注册了'糌粑'的商标了。"

给予比索取更有变革力

　　吉美坚赞激动地指向了一个方向："看到远处那个毡房了吗？那户牧民有两个小孩。""你看到那边那个毡房了吗？"他又指向了另一个方向，我勉强看到了地平线上有一座毡房，周围有一些小黑点，那是牦牛。"那户有好几个女孩，她们都没有机会上学。但我会给她们建一所学校，她们将是我的学生。"

　　我们的车开进了另一个山谷，在草原的一块圆形空地上，几名工人正画着墙体基线。吉美坚赞跳下吉普，走过去告诉工人应该把线画在哪里。比起僧人这个身份，他倒是更像一名建筑工地的老板。工人们按照他的要求调整着线的位置，这间教室将修得更大一些。

　　吉美坚赞的注意力渐渐地从建筑工地移向了山谷的峭壁。在岩石表面，我看见了一些深色的小点。"那些都是山洞，"他轻声说道，"僧人们过去在那里打坐。真是一个建学校的好地方。"

　　我有些不解："你为什么不把学校建到靠近城镇的位置呢？孩子们可以去那里上学，住宿舍，周末节假日再回去见父母。这会容易一些。"

"你想想，他们的父母都住在山上，住在高海拔的牦牛毡房里。他们不会轻易地离开山谷。所以在山里建一所学校，他们可以每天过来上学，也不影响他们传统的生活方式。我不想把学校建在牧民不太方便的地方。"

这位僧人建起了一个工厂，从牧民那里买来牛奶，为牧民提供收入。他又把牛奶制成奶酪卖出，将利润用于修建牧民孩子的学校。这是一个社会创业的开始。他想保护牧民传统的生活，以此延续传统放牧牦牛的方式，保持生态的平衡。他的企业不仅可以盈利，还能为牧民群体服务，并保护当地的文化与环境。这是我第一次遇见这样的社会企业。

"这学校将会修成什么样？"我问道，"在这种高地上能建起什么样的学校呢？物流后勤都对你不利啊。"

吉美坚赞挥挥手，让我回到吉普车上，脸上露出一种平静的决心。我们行驶在一条还没有铺路的小道上，司机似乎感觉到了吉美坚赞要去哪儿。不到一个小时，我们到了一个大院的门口。院子里立着一栋藏式风格的新楼，装有玻璃的门窗。一位僧人打开了干净的玻璃门，并恭敬地点了点头。

吉美坚赞请我进到楼里，说现在是暑假，学生们都离开了。在一楼，吉美坚赞带我去了物理实验室和化学实验室，里面全是现代化的设备设施。接着，我们又穿过了一个挂满五彩画作的走廊，到达了阅览室。阅览室里摆满了中文书和藏文书，经书则放在了柜子里。这里还有一些外版书，甚至有迪士尼的儿童漫画。"藏族孩子很喜欢米老鼠。"吉美坚赞领我上楼时顺口说。

上到二楼，我看见教室里摆满了电脑和最新的互联网设备。吉美坚赞说，他的学校为孩子们提供全天免费的全球互联网服务："他们在课后可以来这里上网，我们也很鼓励。他们可以在我们青海这个小学校里与世界相连。"

吉美坚赞接着说："这是这个地区第一所私立学校，也就是说，我们没有政府的资助补贴。这全是我们自己建的。我们学校欢迎所有的牧民孩子入学，不分民族和宗教。而且，在这儿上学是免费的，一切都靠卖奶酪的利润。"

学校里，我注意到了一幅色彩鲜艳的图画，画中有四只动物在一棵树下。吉美坚赞说，这幅画讲的是一个藏族民间故事，也是孩子们的重要一课。这个故事讲的是一只大象、一只猴子、一只兔子和一只小鸟在争论谁和大树的关系最好。大象说："我每天都在树下晒太阳。"猴子说："我每天都吃树上的果实。"兔子说："我每天都在啃它的树根。"他们每个人都在讲自己从大树这里得到了多少东西。然后，那只小鸟谦虚地说："这棵树的种子是我带到这里的。"其余的动物便对小鸟肃然起敬。

这个故事能够帮助孩子们了解生物多样性，知道动物和植物有怎样的关系。同时，它也让孩子们懂得，给予比索取更重要。

茶马古道话老街

2003 年，香格里拉。我遇见了当地官员齐扎拉，他是藏族人。令我吃惊的是，他并没有像很多干部一样戴上领带，穿上西式夹克，而是一身普通的打扮，穿着一身深色的长袍。他一点也不做作，因为他知道自己的"根"在哪里。

在老城区的木屋之间有一条木质长椅，齐扎拉轻松安然地坐在上面。他看上去非常悠闲，大概是因为身处自己家乡的缘故。

木屋间夹着一条脏兮兮的小道，看上去像是西方电影里的一个场景。我指向那里，问道："这是茶马古道上的一条街吗？"

"是的，"他轻快地答道，"茶马古道从思茅和普洱出发，途经大理、丽江、中甸（即香格里拉），又翻山越岭到达昌都和拉萨，最终可以到印度和尼泊尔。整个明清时期，这都是一条主要商路。那时，商队定期往返于群山之间，中甸曾是这条路上的重要站点。"

"这就是你想保护中甸古镇的原因吗？"我问道，"但中国其他很多城市却忙着拆除旧城，大力发展经济。你想取得怎样的成就呢？"

齐扎拉解释说："中甸古镇的遗产价值使其必须受到保护。这座城市的历史可以追溯到唐代，那时它便已经是一个贸易点了，同时它还是汉族、藏族、纳西族和白族多元文化的交汇中心。如今，许多建筑古迹正在消失，青藏高原上的许多古城已不复存在。除了拉萨的八角街，中甸是剩下为数不多的古镇之一了。所以我们一定要存留下它的原貌并给予保护。"

"那你的意思是说，中甸是茶马古道上保存最好，破坏最少的古镇驿站之一？"

"可以说，在整个茶马古道线上，这是保存得最好的城镇之一。我们想要留住它的建筑古迹，"齐扎拉解释道，"此外，我们也注重环境的保护。当地群众都很支持，政府规划部门也决定要全方位地保护环境。"

"这真是一种具有进步性的创新，"接着，我试探地问道，"你觉得其他城市的改造旧城计划怎么样？"

"发展自有道路，我们选择的是另一条道路。"齐扎拉自信地点了点头，"有价值的旧城应该被当作文化保护项目的中心目标保护起来。即保留古迹，延续历史。保护文化才是保留古迹的真正核心。"

"你真是中国古迹保护的优秀领导者。"

"其实已经有一些受到良好保护的城市范例了，"齐扎拉谦虚地说，"丽江和大理就是这样的例子。我们要向一些成功范例学习，也要力避另一些城市所犯过的错误。我们不仅是对老城进行商业开发，同时也会认真保护建筑古迹，保护我们的文化。"

"大多数城市的建筑都是水泥搭建，然后外墙贴上墙砖或是蓝色玻璃。中甸没有这样做，这是为什么呢？"

"这是大家一起做出的决定，"齐扎拉承认了这一点，"其实中甸也曾这样做过，只是我们较早地意识到了其中的问题，并决心拆除这些瓷砖和蓝玻璃，用原始材料给新城的建筑物一个特色的外观。这不仅改善了城市形象，更还原了原汁原味的藏族建筑风格。至于老城区，那边一点也不会变。"

"但你如何处理老城区的基础设施需求呢？"

"我们想建一座传统的，有文化气息的城市。我们的城市也许看上去有些老旧，但我们依然有水有电，有现代设施。只是那些体现古代文化特色的地方，将会得到更好的保护。"

"这种努力同时也会保护到老城区周边的环境，对吧？"

"香格里拉是一处稀有的生态系统带，"齐扎拉说，"其具有环境、生态和文化的多样性，所以它需要得到保护。我们致力于保护环境、建筑和传统文化，并支持着各部门的工作，但森林、河流、山脉需要更强的保护措施，其中包括对抗污染和垃圾。我们不允许塑料袋或其他外来物来影响环境。在农药使用方面，我们甚至出台了非常严格的指导方针，规定什么该用，什么不该用，以此防止对土壤的破坏和对农作物的不利影响。"

"我认为，我们身处的环境是人类遗产的一部分，"齐扎拉道，"我们必须保护它。文化是环境的一部分，对森林及其生态圈的实际保护与文化保护是相互关联的。如果没有蓝天和绿色山坡，那么就不会有香格里拉文化。如果没有传统文化，那生态环境就失去了灵魂。其实，保护传统文化，会自然而然地保护环境。"

"保护环境是传统文化的一部分，"我问道，"所以保护传统文化会使人们自发地保护环境，对吧？"

"当谈论生态保护时，我们便不得不谈到藏族文化。"齐扎拉强调道，"我们的传统就是放牧牲畜，这似乎是逆反工业发展的。但中甸可以不发展工业，我们已经选择了自己的发展方向，如传统畜牧业、农业和手工业。我们不想有那种会破坏我们生态系统的工业，人与自然应保持亲密关系，而不是对立关系。如果毁灭自然，最终毁灭的一定是人类自己。香格里拉也许只是一个哲学角度上的概念，但它也可以是一个人类自然和谐相处，精神文明超越物质文明的地方。"

"你这样做是否有别于其他发展模式？许多人衡量成功发展的标准，不就是看 GDP（国内生产总值）有多快增长、多少有标志性的房地产项目和路上有多少辆豪车堵塞着交通吗？"

"真正的发展会包含保护，"齐扎拉强调，"真正的发展会认识到和保护好那些真正重要的东西。其实，生态保护就是自我保护。生态保护符合我们传统的生活方式，也符合我们地区的情况。我们已经做出了选择。发展的模样不应该是高楼林立于雾霾之间。当然，你可以推动城市化，但是城市化不一定就代表着先进发达。发展的概念绝不局限于大规模的工业化。我们中甸有三十万人口，我们以更广的视角来看待发展。对我们而言，保护我们的山川森林与生活方式就是我们的发展。"

从重新调整经济假设开始

2005 年，拉萨。时间已到上午九点半，但拉萨老城的白色土坯小巷才刚刚醒来。拉萨所有的事情都开始得比较晚，虽然他们的时钟显示的是北京时间，但当地居民习惯跟随着太阳来安排作息。

在海拔 3600 米的地方，呼吸会变得困难。前一晚我才刚刚抵达这里，到现在我还因为高海拔而感到气喘吁吁，万物都像被放慢了。

我停在了一个卖西藏薄饼的小吃摊前，想买点早餐。"这个饼子多少钱一个？"我问老板娘。

"五角钱。"她笑着说。

当我从口袋里摸出五张一角的纸币时，三个孩子围了上来。他们扯着我的袖子，眼巴巴地看着我。

我把五角钱给了小摊的老板娘，她笑着，弯着腰，给了孩子一人一角钱。"走吧，"她对孩子们说，"别打扰外国人。"

这些孩子就笑嘻嘻地跑开了。

我非常惊讶，然后迅速在脑中算了这笔账。她告诉我一个饼子是五角钱，但她却给孩子们分了一大半，只留下了两角钱在自己手中。除去这面团的成本，她得到的几乎和每个孩子分得的一样多。

我开始思考这个简单的情形。在世界上的大多数城市里，当地人从初来乍到的外国人那里赚钱的确很常见，但怎么又会分给不相干的孩子，只留下一点保本的钱呢？我忽然发现这样的思维正挑战着我的经济学假设。

一年以前，我制作了第二部影片，名叫《香巴拉经文》。这部影片记录了一支寻找神秘王国的探险队。在这部影片的拍摄期间，我采访过很多喇嘛，询问他们香巴拉王国可能在哪里，或者怎样才能到那里去。最后，我有幸见到了昂钦仁波切。尽管年迈体弱，但他那长长的胡须衬托出高贵的气质。在藏香弥漫的房间里，他坐在高台上，裹着暖和的长袍。

"香巴拉在哪里？"我问道。那时，我已经知道了香巴拉并不是一个真实的地方，而是一种形而上的精神状态，于是我又傻傻地问他什么样的冥想能够让我冲上云霄，就像坐飞机一样。

他眼神充满神秘，然后点点头，回答道："哪里都不是香巴拉。你无法找到香巴拉，也不能通过冥想到达。香巴拉需要你有慈悲的行为，去施予他人，创造一个更好的世界。我们的确可以通过冥想感受到未来，但如果不加以行动，这便毫无用处。只有通过每个人日复一日的善举，未来才会变成现实，我们才能到达香巴拉。除此之外，别无他法。"

从那时起，我停止了搜寻。

我在西藏拍了多年的纪录片，片中的人们影响了我。我决定在西藏开一家我自己的社会企业。2005 年，我搬到了拉萨，买了一栋三层楼的藏式老屋。

这栋房子位于八角街旁的一条窄巷内，在大昭寺的后面。集市向外延伸出迷宫似的窄巷，连接着一栋又一栋由石头和土坯建起的白楼，构成了老城的模样。

我每天早上醒来，都能听见窗外唱经祈祷的声音。八角街上到处都是僧人和尼姑，他们一大早就会开始唱经，一直唱到傍晚。

人们健康的生活，每天都发生在我家老屋门前的不远处。

边巴加入了我的社会企业项目。我和他在 2002 年拍摄《寻找香格里拉》的时候见过。我们合力将我的老屋改造成一家拥有九间房的精品酒店，还配有餐厅和茶室。边巴的老家是拉萨周边一个盛产木匠画家的村庄，他自己也是一名木匠，手艺传自他的木匠父亲。他组织了三十名工匠来修建这个项目。后来正值隔壁那栋楼出售，我们也买了下来。现在两栋楼加起来正好有小巷那么长，整个街边铺面都归我们了，我们便又开起了商店和手工艺坊。

修缮老屋的工匠都是藏族人。我们以传统的方式进行着一切，试图尽可能地保持老屋的原貌，用旧材料来重建塌陷或者损坏的地方。甚至是采购油漆时，边巴都带我去老店购买，那里的颜料仍是磨石而成，然后存放在大金属桶里。

我们曾听说过一位住在乃琼寺的石雕大师。我们在十月的一个下午找到了这位大师，那时山上层林尽染，大师正盘腿坐在玛尼堆后，石堆中的每块石头都有他亲手镌刻的符号。我们请他在石头上刻出吉祥的图案。我们想将石雕嵌入酒店墙壁当装饰品。在随后的五年里，我们三座新建酒店里的所有石雕都是由他来雕刻，雕刻的图案也越来越复杂。作为他的主顾，我们为他提供了稳定的收入来源并支持他发展自己的艺术。很快，他的石雕开始有了名气，很多人来到我们的酒店就为欣赏他的作品。

西藏的手工技艺仍然保留着口授的传统，父亲传给儿子，师傅传给徒弟。但由于当下大量钢筋水泥的建造，这些技艺很快就会濒临失传。我的藏族工匠团队为我们工作了六年，建造了三家酒店，三家医疗诊所，一些残疾人工坊，还有一所学校。

下午晚些时候，工人们休息了一会儿。他们围坐成一个圈，开始唱歌，喝青稞酒。这些快乐的时光充满了欢声笑语。随后，他们又拿起工具继续开工。一边工作一边唱歌，一直到天黑。

在西藏，工作和休闲的概念并不冲突，它们融合在了同一种生活里。

一天早上，当庭院酒店快要完工时，一位农村来的小女孩出现在酒店门口。她有一双大大的眼睛，一头及腰长发，但只有基础的文化水平。她的名字叫古桑，她想负责清理建筑垃圾。

工地乱得一团糟，古桑拼命地开始清理。每天早晨，当我从部分完工的房间里走出时，便会看到古桑在阳光下的走廊里坐着学习英语。每天开工以前，她都会问我一个新单词的发音。

酒店开业后，古桑留下来继续打扫房间，同时也坚持练习着英语。渐渐地，她从房间清洁员升为房间检查员，她的英语也在进步。随后，她开始在前台工作。当我和边巴开始参与修复建筑与建造诊所的新项目时，古桑接手了"香巴拉之家"的管理工作。

"香巴拉之家"是老城里首个获得执照的"家庭旅馆"。它掀起了一波改造传统老屋的热潮。其中一些改造成了豪华的精品酒店，另一些只是变成小小的家庭旅馆。不论如何，人们让旧房子有了新用途。这样既保护了他们的建筑，又使得邻里街坊重新焕发生机。

我曾想建立一个发展的微缩模型。那时我只有一个模糊的方向，也不确定这个项目将会变成什么样子。但最终，我们没有用到任何模型，没有任何理论，我们只是与民互动，踏实工作。在这样的工作与创作中，我们建立起一家社会企业。

我们称其为"香巴拉"。

万物的互联

我和边巴设计了这座小酒店所需的一切。我们用铅笔在纸上勾画设计图稿，并在每个下午走街串巷，拜访开店的工匠，邀请他们做出我们想要的产品。我们的产品都只使用传统的材料。

很快，街坊邻里都成了"香巴拉"的"股东"。

我和边巴想为我们的第一家餐厅采购咖啡杯、盘子和碗时，我们一直追溯到藏瓷的源头。我们与蹲在街边卖瓷器的流动小贩交谈，得知他们的瓷器来自一个距拉萨三小时车程的村庄。那里的土壤是深红色的。陶艺村原本盛产装青稞酒的酒缸，但工业化制造的塑料和铝制品更加便宜，使得村子的手工产品销量日渐下滑。做瓷器挣不了钱，村里的年轻人便都去城里找工作了。我和边巴想要一些奇形怪状的陶缸和碗，再要一些杯子、盘子，以及装洗发水和沐浴露的罐子。我们一共有三家酒店和三家餐厅需要这些东西，使得村民们忙活了好一阵，重振了他们的手艺。最棒的一点便是，他们为我们制造的这些盘子与咖啡杯中，没有两个瓷器是长得一模一样的。这便是纯粹的艺术。

在拍摄《香巴拉经文》期间,我从西藏收集了一些古老的门板,并将其放在餐厅的茶室里用作装饰。结果,客人们却很想买下它们拿去收藏。于是我们制造了一些小一点的仿制品以便他们装入行李箱带走。我们不知道的是,整个街坊邻里其实都已经开始制作这些游客想买的东西了。

我们毫不知情地引发了一场"工艺复兴"。

每当一栋旧房子被精心修缮时,周围的人们都会感到兴奋。紧接着,他们会发现这幕后居然是一名外国人,并觉得很好笑。有时,他们会在流行歌里填一些词,笑着唱道:"香巴拉就不远啦!香巴拉就在我隔壁!"

一天下午,我和一名铁匠坐在街边,看着他敲打着金属碎片,再拼成一个灯架的模样。第二天,他给了我一个样品,我们又做了一些调整。第三天,他送来了十盏完工的灯架。于是我们找到了艺术家昂桑,让他带我们再次去到残疾工匠的工厂。他们正在研究古老的造纸术。我们委托他们做一些古色古香的灯罩纸。

当地人有着自然的生活节奏。他们将精神世界与物质世界融为一体。他们的思维过程是内在的,和时间没有多大关系,比如说他们的词语"下午"真的是指午饭后的任何时间,甚至包括整个夜晚。事情都可以自由发展,没有特定的情形与最后的期限。我住在老城里,每天都会与当地人打交道,我一直在努力摆脱西方的既定思维。

走在这些繁忙的小巷之中,我常停下来与小店里的一位卖牦牛酥油的僧人交谈。他总会用大刀切一些小样,在我路过的时候请我试吃尝尝。酥油对当地人至关重要，和红茶混在一起，他们可以喝一整天。酥油提供了他们在高原生存所需的卡路里与维生素。当然，他们也将酥油用于烹饪。我后来了解到，酥油被证明是抵御高原强烈紫外线的最佳保护，我便每天早晨都把它涂抹在脸和手臂上。

我家附近卖酥油的小贩大多来自安多。我便想起了吉美坚赞曾教授我让游牧民族以游牧方式生活的重要性。长久以来，牦牛的放牧模式一直存在于这片高地。牦牛的迁徙也是青藏高原微妙生物多样性里的重要一环。

我开始思考万物的经济互联。我身边发生的事情都与青藏高原的可持续性发展有关，接着又联系到了全球气温变化。万物都是相互关联的，尽管常以一种不明显的方式联系，但联系总是存在的。

人们可以将传统住宅改造为小型家族企业，开一家商店、茶馆或是宾馆，不必搬走，不如开发商所愿。街坊邻里可以自己搭建一个经济平台，维护和发展文化，不去改变或者破坏。人们将继续在自己的家园安居乐业。这样，安多的牧民也可以继续放牧，并以放牧模式继续维持着千年来的草原生态平衡。

中华传统文化"中"的思想与可持续发展

《汉书·律历志》中记载:"春为阳中,万物以生。秋为阴中,万物以成。"中国人追求平衡之道,不走极端,万事喜欢取"中",希望一切都能平和稳定。

中国古代,从夏商周,到元明清,虽然各朝各代有着不同的国号,但自古以来,从地理的维度上讲,中国人一直认为自己生活、居住在"中国"(中央之国)这片辽阔的土地上。

中国,之所以叫这个名字,是因为中国人认为自己生活在世界的中心。中国从古至今都极其重视"中"的概念。如北京的中轴线从永定门到钟鼓楼,有"北京的生命线"之称,是北京作为古都的中心标志。

为什么"中"有着如此高的地位?

因为中国的哲学认为,中代表天人合一,象征着平衡和中心。中的理念代表着中国人对寻找中心的坚持,对寻求平衡的向往。

在中国,我看到人们想要尽最大努力确定事情的中心。比如,在练功夫的时候,要发展中心和中脉。呼吸要平衡。尤其是咏春拳,它格外强调我们要保护人体的中心，要打的地方也是以中心为主。在这片土地上生活，我们要了解，所有的事情都从中间开始，这样才可能稳定、完整和完美。只要中心明确，其他地方都能顺其自然地发展好。中国传统文化告诫人们，不要走极端，要寻求平衡发展。

中的文化理念不仅存在于古老的典籍记载中，如果你仔细观察，它其实蕴含在中国社会的方方面面、点点滴滴。

正如我所看到的那样，改革开放后，中国的经济飞速发展，而它能够腾飞的关键，正是中国人不断努力地寻求市场机制这只"看不见的手"和政府调控这只"看得见的手"之间的平衡。其实，从个人微观的角度来讲，也是如此。如果一个人想要发家致富，那么他不仅要考虑个人利益，更要考虑他人利益，找到自我与他人之间的中心，找到平衡，方能成功。不仅事业如此，学习亦是寻找平衡和中心的过程。学生不仅需要认真听课，努力完成课业，也要珍惜和利用课余时间进行运动。正是因为每一个中国人都在努力地寻求中心和平衡，中国才能够在当今这个充满不确定因素的国际社会中与其他国家保持和谐、友好的关系。

中国政府高度重视人类命运共同体的建设，因为他们希望世界在和平中不断向前可持续发展。作为一个外国人，我在中国生活的这些年中，目睹中国的环境变化。我在西藏居住的时候，了解到喜马拉雅的冰川正在加速消融，我也看到有些地方的自然环境在城市化、工业化的建设中被破坏。这其实是违背了"中"的原则和理念，因为它破坏了人与自然的平衡和谐。而这并不是中国人希望看到的。

因此，近十年来，中国政府高度重视生态文明建设，在全国范围内出台有效的政策，以求减少环境破坏和污染，建设一个可持续发展的中国。

忠于自然

《说文解字》有言："尽心曰忠。"忠，是孔孟思想里面居于核心位置的概念之一。

在中国文化里，忠，代表着人们必须尊重父母和老师。如果你略加思考，想一想生命从哪里来，家庭如何组建，你就会发现"忠"的重要性。我所理解的广义的"忠"，是人与人之间不能缺乏基本的尊重。

中国人讲究在家里必须尊重父母，因为"身体发肤，受之父母"，是父母亲给予他们的孩子生命。在学校，我们必须尊重老师，因为是老师教授学生知识，助力学生的未来。

我在其他国家居住的时候，看到很多学校的学生对他们的老师缺乏最基本的尊重。很多学生上课时的态度和表现与课间并无二致——忙自己的私事，或是玩耍。这就是对老师的不尊重，也是对知识，对教育，对自己前途的不尊重。我认为这样的学生在他们长大之后，很难有一番建树。

除了尊敬父母，尊师重道之外，中国人也尊重他们的祖国。如果没有国家，就没有民族的传承和繁衍，就会失去文化的流传。

尊重别人也是为了尊重自己。我们要了解中国功夫，就要懂得尊重在功夫文化中的重要地位。我们进入武术馆学习武术，练习功夫，都要把"忠"字铭记于心。

众所周知，儒家思想一直以来都是亚洲文化的基石之一。忠诚和敬重是儒家思想的核心原则。任何一个学习武术的人，不论他们学习的是咏春、空手道、跆拳道、少林功夫还是太极，他们实际上都在遵循着传统文化的伦理道德。武术教导人们忠诚于他们的学校、老师、学长和社群，并且互相尊重。

我拜访了很多武术老师，他们都认同"忠"的价值。

特洛伊团队专业影视剧武行特洛伊·桑福德说："我们不仅忠诚于彼此，而且也忠诚于道德，所以忠诚是成功的关键。"

戳脚翻子拳传承人钟海明说："练拳里头（忠诚）就是从你的一招一式要守规矩，江湖里头它就更要讲，对师傅，对老师，对兄弟姐妹、师兄弟都有规矩。"

咏春传承人、咏春实战馆创始人程和敬也对我说，他一向欣赏那种传统的教学方式——鞠躬拜师，"我了解新手拜师学艺最终学有所成的过程。人人都想要成功，如果你不经历这些过程，而是急于求成，你就会欠缺一个重要环节。"

就我个人而言，我跟着刘鸿池老师学习中国功夫有很多个年头了，某一天，我认为是时候拜他为师了。拜师，在中国文化里面是一个仪式，也是中国文化很重要的一个理念。拜师象征着学艺者通过仪式与授艺者结成师徒关系，意味着习武者悉心学艺之后最终成为某个大师的弟子，他要传承大师的技艺，并要具备侠士的忠义品质。

中国的拜师习俗受到了儒家文化的很大影响。儒家非常重视老师传授弟子的规章制度。而且，一个人不能随便对着别人磕头，要对他所崇敬的老师磕头，这其实是对他学艺的这一派传承磕头，而不单单是叩拜老师这个人。老师是流派传承的化身。

拜师的整个仪式给我的印象很深。

刘鸿池老师自己已经拜了四位老师，在我的拜师仪式上，他向当时在座的所有人简单地介绍了他入门的各位老师。他讲道：

"第一个，张钧老师，1953年（我）跟他学习，他是程派八卦掌第四代传人，外号叫大刀张，擅使春秋刀。陈伯远，1956年我拜他为师，陈伯远是张家功夫创始人张长祯的弟子。常振芳，我是1961年跟常老师学习查拳，在那个年代跟常老师不断地学习查拳。孙剑云老师，我是在1993年拜孙老师为师，孙老师那时候对我进行了无微不至地关怀和教导，所以（我）掌握了孙氏太极拳、形意拳和八卦掌。

"最后我再介绍一下我们拜师的仪式，有三碗凉水，这个仪式是什么意思呢？就是张家功夫里面入门的时候，要敬拜三碗凉水。三碗凉水意味着什么呢？是张家功夫创始人张、赵、马三位宗师，他们是明朝末年的三位大将，为了继续反清，他们隐居到四川，三人一起研究，形成了一个独特的功夫。三碗凉水的意思是敬拜三位宗师，凉水意味着上善若水，上善达到最高的德行，所以我们拜师的时候要敬三碗凉水。"

在我眼中，拜师仪式的三碗凉水代表着天清、地清、水清。这恰好符合当前中国大力倡导的生态文明建设。三碗凉水蕴含着保护生态的意识。因此，拜师仪式不仅仅是传承的一个环节，更是在教导弟子做人做事的基本原则，潜移默化地告诫弟子要尊重自然环境，保护生态文明。

生态文明，实则意味着忠于大自然，忠于地球母亲。

中国的生态文明建设政策指明了几点内容——

投入电网改造，使用绿色清洁能源；

利用金融、信贷、财政政策等手段促使企业使用可再生、高效能源；

重新定位 GDP；

划定生态文明红线，划定禁止开发或开采的生态敏感区；

进行全民生态文明教育……

改革开放以来，中国经济迅速腾飞，所获成就举世瞩目，然而超高速度的发展带来了较为严重的环境问题。例如越来越多的人不得不在雾霾天选择佩戴口罩，防护颗粒物污染。

近十年来，在中国，随着生态文明建设的不断推进，环保观念已然深入人心。生态文明建设是可持续发展理念的中国本土化版本。"可持续发展"理念在 1992 年联合国环境与发展大会上被普遍接受。实际上，中国倡导的"生态文明"已经超出了联合国当初为地球行星系统的可持续性所设想的范畴——生态文明的概念将保护地球视为商业和金融发展的大趋势。

在许多方面，中国已经大大改变了过去以牺牲环境来换取工业增长的发展道路。牺牲环境，浪费资源，意味着背叛地球母亲，不忠于生养人类的大自然。破坏环境不是中国的文化，不是中国人想要看到的结果。因此，中国将生态文明写入宪法，开启了全新的发展方式，回归自然，忠于自然。

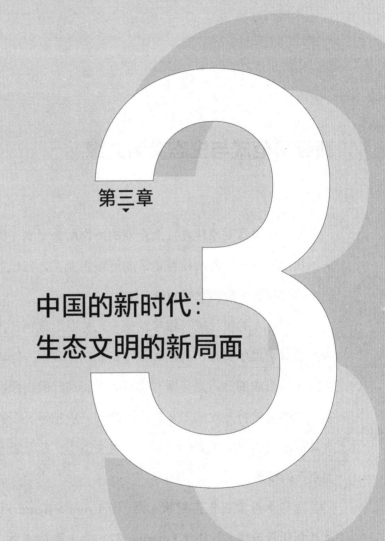

第三章

中国的新时代:
生态文明的新局面

新经济范式与生态文明之缘

我们在青藏高原建立社会企业的所作所为受到了国际关注。很快，我们便结交了喜马拉雅地区的许多企业家，同他们交流实践经验并试图找到可持续发展的新方法。

当"穷人的银行家"穆罕默德·尤努斯因首创"微额贷款"业务而获得诺贝尔奖时，他正和我待在北京。我们一同讨论着社会企业应有的组成部分。尤努斯非常有远见。他已做出预测，对社会企业因素的需求将是我们未来资本市场的一项指标。在我和尤努斯还有其他志同道合远见者的谈话中，诞生出了"慈悲资本"与"尽责消费"的概念。

我与不丹前首相吉格梅·廷里（Lyonpo Jigme Yoser Thinley）及其继任者策林·托杰（Tshering Tobgay）有过谈话，提出了"国民幸福总值（GNH-Gross National Happiness）"的概念，提供了一种可替代传统以国民生产总值（GNP-Gross National Product）来衡量经济成功的方法。当不丹第四任国王接受伦敦《金融时报》的采访时，他被质疑称对国家传统的坚持导致了国民生产总值过低。

国王回应说，我们有 GNH，这比 GNP 更加重要。作为一种衡量除工业产出以外无形物的指标，国民幸福指数震动了全球经济界。此后数年，每当我造访不丹，不丹王后都会接见我并就这些话题讨论几个小时。

多年以来，中国自身的经济发展都是由国内生产总值来衡量。国内生产总值是美国及其欧洲盟国在"二战"后军工秩序下的产物，其概念根本没有考虑到人们的健康、幸福、社会稳定或环境因素。但正是这些没有被考虑到的东西才能真正决定我们是谁，以及我们的国家未来会是什么样。

将这些观点整合起来，便能形成一种新的经济范式，并将环境与地方文化认同纳入优先项。2005 年喜马拉雅共识研究所建立了三条基本核心原则：

1）保护地方文化认同与文化遗产；

2）通过金融系统里商业需求的变化使资本流向群众；

3）环境不仅是一个优先项，更是接下来的经济大趋势。

后来又增加了一项原则：冲突、暴力事件，甚至恐怖活动的根源并不在于地域或文化的矛盾，而是在于经济剥夺与身份边缘化。

我们第一场用于传播喜马拉雅共识的正式会议是在 2010 年北京的中国社会科学院举行的。随后，在 2014 年 11 月加德满都，我们在南亚区域合作联盟（SAARC）峰会上举行了喜马拉雅共识的启动仪式。

我们决定每年举行一次喜马拉雅共识峰会，作为类似于达沃斯的地区性会议。这些会议的具体讨论结果便是：为该地区设立一个可再生能源的投资基金，建立起地震保险政策，以及在联合国开发计划署（UNDP）下建设危机冲突缓解设施。

经历了 2017 年紧张的中印边境局势，联合国开发计划署意识到了中印关系的重要性，并设立了喜马拉雅共识丝绸之路对话，将其作为缓解冲突的一个渠道，以支持联合国可持续发展的目标。

我是喜马拉雅共识研究所的创始人，不丹国家环境委员会顾问，中国环境保护部（**译者注：2018 年，根据国务院机构改革方案，改为生态环境部**）高级顾问，以及欧盟环境委员会总干事。作为当时中国环境保护部的高级顾问，我负责领导战略政策的起草，出台一项将中国由化石燃料向可再生能源转变的政策。这项政策后来成为"生态文明"的一部分而闻名于世。

我想在这里分享这个政策由来的故事。

2011 年，"喜马拉雅共识"受邀作为非政府组织观察员，参加《联合国气候变化框架公约（UNFCCC）》谈判。我代表"喜马拉雅共识"参与其中。

《联合国气候变化框架公约》是一个国际性的环境公约，目的在于稳定大气中温室气体的浓度。该条约规定了强制的排放限制。缔约方自 1995 年缔约方会议（COP）后每年都会举行会议，评估处理气候变化的进展情况。1997 年，《京都协定书》得到签署，并对发达国家减少温室气体的排放确立了法律约束的义务。第十七次缔约方会议于 2011 年下半年在南非德班举行。这是一场决定性的会议，《京都协定书》能否继续施行的问题已经摆在了桌面上。

我们组织了一场周边会议，期望在联合国会议之外提前达成共识。来自中国、印度、巴西、新加坡还有几个非洲国家的代表加入了我们的行列。我们一致认为二氧化碳排放总量能否减少关系到我们星球的存亡，政府应该对基础设施进行投资，将能源系统网络由化石燃料转向可再生能源。

随着中国代表团的率先表态和印度随后的支持，我们均认为应该制定财政政策和奖励机制来鼓励企业对可再生能源进行投资，使可再生能源在商业上具有可行性。我们大家都同意政府、民间和商界这三方应一同商讨出一个可行的方案。经过德班这次会议，中国在其五年计划里做出了一项巨大的财政承诺，并加速了这一进程，印度也采取了类似的计划。

与此同时，在巨大的会议室里，整个联合国气候变化框架公约会议却是另一番景象。

尽管联合国气候变化框架公约大会的议程上写着减缓或阻止气候变化，但会议室却根本不是这样。一些国家被他们石油企业的利益所驱使，阻拦着各方面的进程。这使期望达成新全球共识的77国集团倍感失望。这些发展中国家在未来几年，将面临大规模的沙漠化或沿海洪水泛滥灾害。一些海岛国家甚至还面临着消失在海平面的威胁。气候变化对他们的影响是真切的。

最后，我径直离开了会场，那一刻，我决定回到北京，并撰写一些关系到人类生态文明的文字。

生态先行的中国共产党

2017 年 10 月，中国共产党第十九次全国代表大会在北京开幕，我受邀担任中国国际电视台（CGTN）的现场评论员，在北京的中央电视台演播室内做现场直播。不出所料，习近平总书记近十分之一的讲话都在谈论"生态文明"的重要性，这一概念已经超越了"可持续发展"。生态文明不仅呼吁保护环境，更是将环境保护视作技术、创新和众多新兴产业的下一驱动力。这些新兴产业包括可再生能源网、交通和家用电器等。生态文明也将成为中国新的城市发展标准：智能、绿色、蓝色。

2015 年 4 月 25 日《中共中央、国务院关于加快推进生态文明建设的意见》正式颁布，其中确立了用制度保护生态环境的核心方法：通过财政手段和激励措施，建立将化石燃料转变为绿色系统的基础设施；加强生态保护区与海岸线的保护与修复；加强新型绿色生态的宣传教育，提高公众生态文明意识；重新平衡经济发展等。

在许多方面，习近平生态文明思想已经大大改变了过去以牺牲环境来换取工业增长和国内生产总值的轨迹，其中重点强调了中国的新标准："我们要建设的现代化，是人与自然和谐共生的现代化。"这预示着在生态保护体系之下，新的经济增长大趋势正在形成。可再生的能源系统已经被证实能比化石燃料创造更多的就业机会。

将"生态文明"写入宪法的这一举措将中国置于全新的平台之上。大规模推出可再生能源系统的中国，现在已经成为全球应对气候变化的领导者。随着生态文明准则和"一带一路"倡议的融合，中国将会变成智能、绿色和蓝色基础设施的主要出口国。生态文明不只是可持续发展，还形成了中国新的软实力。在寻求领导者榜样的世界里，迫切需要的不是争吵和破坏，而是这样的决心与行动。

毋庸置疑，生态文明建设在未来将成为中国软实力的引擎。不仅能与发展中国家竞争，对世界上那些最发达的国家也是如此。此外，它还可能是习近平主席"促进绿色发展"愿景里提出的"中国方案"中，极具全球影响力的一项。

2018 年 5 月，当我们在四合院中畅谈中国生态文明建设前景时，一队专业古建筑保护工人敲响了我的院门。根据北京市提出的"生态文明应成为首都靓丽金名片"的理念，东四街道办事处派出了多支队伍，对辖区内的古建筑保护提出专业见解。"比如修一扇木门，这些门严格按照'一麻五灰'的老工艺施工，仅工序就有 16 道。"与我多有接触的东四街道办事处主任张志勇介绍，"以传承古法营造工艺高标准修缮四合院，使老城成为传统营造工艺的传承基地。"他们会在征得住户同意的基础上免费施工——一应所需，全部免费。

中国需要一个绿色大电网

2011 年 11 月，《联合国气候变化框架公约》第十七次缔约方大会在南非德班召开。当时，"喜马拉雅共识"组织召开了一次周边会议，中国、印度、巴西、新加坡和非洲的代表都有参加。

中国、印度、巴西和非洲的谈判代表团有着一致意见，他们均认为碳交易并不能解决所有气候变化问题，全面减少碳排放才是解决之道，零碳排放是我们新的目标。但这无法通过一项总的协议来实现，因为一些国家正受着化石燃料工业利益的支配，无法使得所有国家团结一致。那么，只能每个国家自己制定政策方案来减少碳排放，它们也将因可再生能源的有效能源系统获得一种新形式的增长。中国和印度是最赞成这种言论的国家，它们共同享有喜马拉雅地区微妙的生态系统。

在《联合国气候变化框架公约》第十七次缔约方大会上，"喜马拉雅共识"联合其他组织共同发布了一份文件，名为《对气候变化的全球共识》。该文件呼吁各国制定国内政策，由化石燃料向可再生能源转变，并在信贷与财政政策的支持下，走向零碳排放经济。

文件获得了中国、印度、巴西、新加坡和南非谈判代表的支持。

我于 2012 年再度回到中国，并与许多中国的金融精英进行磋商。我首先找到的是世界自然基金会北京办事处的孙轶颋。孙轶颋很有想法，他的目标是让中国真正减少"碳足迹"。他常与金融机构和监管部门的人商讨，如何才能创造一个鼓励企业转向真正绿色的金融机制。

举一个他们商讨的例子。2012 年 4 月 13 日，世界自然基金会与中国银监会（编者注：2018 年，根据国务院机构改革方案，银监会和保监会合并为银行保险监督管理委员会；2023 年 3 月，中共中央、国务院印发了《党和国家机构改革方案》，决定在中国银行保险监督管理委员会基础上组建国家金融监督管理总局，不再保留中国银行保险监督管理委员会）共同举办了关于可再生能源的培训项目。来自二十二家银行的一百多人去了国家能源局。学界专家、商业咨询公司、认证公司、顶级风能发电与太阳能设备制造商、国际银行家都出席了此次会议，并分享了他们对未来可再生能源市场的看法，以及企业可能参与其中的商业模式。这场会议从上午九点开始，一直开到下午四点多，中途没有休息，所有人都像黏在了座位上。中国的银行机构与金融机构都对可再生能源有着强烈的兴趣，并认为这是一个新的市场与商机。

在北京举行的一次会议上，一名财政部的官员声称："中国应以经济危机为契机，转变落后产能，推动绿色经济发展。"

"什么是'绿色经济'？"孙轶颋在谈到"里约 +20"峰会对

绿色经济的定义僵局时，无奈地说，"绿色经济有三项内容，首先便是'经济'本身。绿色经济必须是真的经济。经济则意味着符合逻辑的增长，那便是国内生产总值的增加，商业在盈利。慈善固然很好，但不应与经济混淆。慈善不是经济的一部分，经济都是关于工业、贸易和金融的，到头来都得看国内生产总值。第二个便是'绿色'。绿色严格意义上是指碳足迹的减少，这就需要全面减少二氧化碳与垃圾的排放。那么，将二者结合在一起，我们要如何在促进生产的同时又保护环境呢？这就是绿色经济应有的全部内容。用真正的经济手段来保护自然资源，并一同促进整体的增长。其中，这将涉及生产力和金融的技术改革。"

孙轶颋后来谈到了那些活动家的立场："有的人把碳交易和其他金融工具贴上了绿色的标签，并以此抵消碳排放。这就是我们所说的'漂绿'。但我们需要讨论的并不是碳交易，而是总体减少碳排放。"

那问题来了，怎样才能创造出真正的绿色经济呢？

孙轶颋提出了这样的观点："当我谈及能源效率与可再生能源，并将其作为绿色经济的一部分时，这就是真正的绿色经济。降低总的碳排放量，只能通过可再生能源和高效能源使用来实现。它们是真正的经济，也是真正的绿色。"

"听上去我们好像需要社会主义市场经济了。"我建议道。突然间，一个想法冒了出来："也许中国需要一个绿色大电网。"

机不可失，时不再来

每当我们谈及新时代的新思维方式与新发展方式，都会谈到中国走向绿色，走向一种可再生能源与整体能效体系的融合经济需求。这里的绿色大电网并不是指修建公路和码头，将产品输送至市场，而是指将中国的国家能源网络在"生态文明"框架体系下，由化石燃料向太阳能、风能等可再生能源的转变。对此，我草拟了三个层面的建议：

第一，中国在能源网络由化石燃料转向可再生能源的过程需要大量的国家投资，需要发行绿色债券来获得资金。其实，中国不必担心发行绿色债券的问题，因为大部分债务都是内部的，就像日本一样。20世纪90年代基础设施建设的刺激措施也同样是由国内银行购买的债券来支持。

这样全面庞大的能源网转换会在全国范围内带来大量的就业岗位，从高级工程师到蓝领工人都需要。政府需要做出战略决策，清理煤炭工业。

第二，工业经济政策必须能激励开发和制造具有新型发展周期的产品，也就是说，这些产品对消费者而言，要是节能的，是用可再生能源生产的（包括太阳能电池板和风能系统，以及需要利用新型绿色能源电网的一切）。这需要税收激励与补贴一类的财政杠杆来实现。2012 年，中国已经出台了补贴政策，鼓励消费者购买节能电视。在这个过程中，我看到了 20 世纪 90 年代中国出口激增的重演。为鼓励中国能效出口（在所有轻工业与电子产品领域）到世界其他地区，这需要出口激励政策。

第三，银行体系与金融部门需要起到主导作用。一方面，要通过"绿色信贷"向房地产领域的低碳开发提供有力的贷款；另一方面，也要为投资可再生能源或高效产品的公司提供优惠贷款。毕竟不能全部依赖碳交易！资本市场的监管机构应鼓励采用高效或可再生能源的公司上市，并以市场政策导向来引入股东价值的新标准。

中国银监会在 2007 年便开始探索绿色信贷的概念，那时出台了第一份政策文件要求银行政策鼓励"节能措施"。2012 年，第二份政策文件出台，在三个领域建立起了"绿色信贷支持"：

1）绿色经济；

2）循环经济；

3）低碳经济。

尽管此时绿色信贷的概念依旧模糊，但至少已经确定了一个方向。

现实中，全球经济正因衰退而沮丧，中国此时需要一项新的经济刺激措施。但中国已经修建了足够多的道路，已经有了足够多的水泥砖头，还有什么值得投资的呢？答案并不是再建一座水泥墙砖的长城，而是投资绿色大电网。

如今，中国在可再生能源方面的投资与可再生能源和高效能产品的生产已领先全球，中国国家能源局（NEA）的数据显示，2022年，中国可再生能源发电量达到2.7万亿千瓦时，占全国总用电量的31.6%，相当于国内减排22.6亿吨二氧化碳。根据国际可再生能源机构（IRENA）与国际劳工组织（ILO）的数据，目前全球有超过1270万人在可再生能源领域工作，其中亚洲国家的雇佣人数占全球总量的三分之二。到2030年，可再生能源领域全球就业人数可能会增加到3800万以上。所以，修复环境并减少碳排放是符合中国自身利益的。将绿色大电网作为一种基础设施建设投资的刺激措施也许是中国防御经济衰退的最好方式之一，长城已经在历朝历代证明了这一点。此时就需要社会主义市场经济出场了。

能否降低绝对的碳排放量则要取决于政府的领导力。实现这一目标需要依靠银行监管和财政杠杆。

2012年，中国银行业已经充分认识到，一个巨大的绿色融资机会正摆在他们的面前，等着被人抓取。不过，他们还不太清楚要如何发展这个商机。但市场需求是明确的，中国的银行不只对碳交易感兴趣，还想融资建造低碳建筑。

随着低碳城市融资机制概念的引入，中国银行业面临的最大挑战是如何为大量互联的城市业务打造融资产品及服务。从绿色能源交通建筑和废物处理，到大量城市工作所需要用到的产品，这些都是银行业需要考虑的内容。想象一下，所有大楼的玻璃窗都是一块太阳能板。也许这听上去非常魔幻，但这是中国可以实现的。

这些愿景的试点项目已经启动，住房和城乡建设部选出了若干个试点城市，苏州、杭州、保定都在其中。

在局外人看来，中国有着巨大的增长动能与短期利益。但对于我们这些局内人来说，我们注意到中国经济已经迫切需要进行金融与产业改革，推动可持续发展经济模式的时机已经到来。

生态文明的十六条措施

2013 年，我起草了一份名为《推进生态文明建设：关于绿色宏观经济调控与增长的十六项措施》的初始文件。

在北京的一场会议中，朱燕来与李剑阁一同讨论了《推进生态文明建设：关于绿色宏观经济调控与增长的十六项措施》的初稿。这场会议由莫里斯·斯特朗（Maurice Strong）主持，他曾任联合国副秘书长，也是 1992 年地球峰会的发起人之一，被誉为"可持续发展"的奠基者。在得到他们的肯定之后，这份文件于 2013 年正式提交给了国务院发展研究中心。和文件草案一同寄出的，还有我的一封信。我在信中写道：

作为一名在中国生活了三十余年的长期居民，我同许多中国公民一样，万分关心气候变化的挑战与确保中国经济可持续增长的需求。我从我的中国经验里学到，"危机"之所以被称作"危机"，因为它既是"危险"，又是"机遇"。基于这种说法，我坚信环境保护和经济增长并不冲突，而"绿色增长"会成为下一个商机。它推动经济增长与科技创新，增加年轻人的就业机会。这将是一个新的经济趋势，也将成为中国软实力的源泉。

20世纪90年代，为确保经济增长与稳定，中国采取了"宏观调控"的政策。受此启发，我也起草了一份框架性的文件，或许能成为今后"绿色增长"政策的蓝图。由此，我谨向国务院发展研究中心提交这份《推进生态文明建设：关于绿色宏观经济调控与增长的十六项措施》。作为一份概念性的草案，贵中心可以对这份草案进行拓展、提炼与完善。我起草这份文件的初衷，是想致谢国务院发展研究中心对这些领域已做出的整体工作和深化研究，并想对贵中心的工作与研究进行一些有益的补充。我希望我附上的这份文件可以作为今后一个初步的框架。

我希望我能有机会与国务院发展研究中心就此展开合作，进一步发展文件中的理念，并与贵中心的经济专家交流意见，整合资源，将有关"绿色增长"经济的国际观点与中国所面临的实际挑战相结合。

在国务院发展研究中心的安排下，欧盟代表团应邀参加了2013年的一场会议。会议的主要目的是了解欧盟在可再生能源和高效能源的系统技术方面所取得的进展。欧盟驻北京代表团建议将推进生态文明建设的工作纳入中国环保部的框架之下。欧盟专家克里斯·布朗（Chris Brown）则表示，整个项目还将置于欧盟与中国的对话体系之中。随后，原环保部国际司官员在办公室接待了我，向我解释将此提议正式纳入政策体系的迫切需要，并表示会同时安排好环保部下面的战略规划部来配合工作。

作为原环保部的高级顾问，我领导并协调了有关"生态文明"政策的起草工作。这项工作在一个名为"中欧对话"的项目下进行。欧盟对中国的环境政策颇感兴趣，这不仅仅是因为环境与绿色运动在欧洲很受欢迎，也是因为这涉及欧洲自身的经济利益。作为一个高度发达的经济体，欧洲很早就在环境保护和可再生能源方面拥有了先进技术。例如，芬兰的技术足以使房屋利用太阳能、地热及其他可再生资源实现自给自足。然而，芬兰仅有 500 万人口，甚至不及许多中国二线城市的人口多。既然技术成本已经降低，增加可再生能源成本效益的关键则在于扩大规模，而这项任务只有在中国才能有效完成。

我们工作组采用了"三支柱"的方法来确立基本政策框架的组成部分：技术与产业转型、财政与金融支持、社会与经济管理。这些都是推进生态文明的必经之路。

《推进生态文明建设》的二三稿

　　由"十六条措施"演变而来的新一稿文件里，"生态文明"的定义成为重点。这份名为《生态文明的体制创新》的文件由环保部的团队起草。世界自然基金会（WWF）的代表、各个领域的官员、学者和环保人士也加入了逐渐壮大的研讨会中。我们的首要任务是要将"生态文明"定义为具有中国特色的可持续发展概念。我们想利用中国哲学的核心概念来阐释，不用西方的哲学。如何才能做到这一点呢？我们想到了中国古代的"五行"。

　　我曾写过一本书，名为《中国元素：金木水火土》（*China Elements*：*Metal*，*Wood*，*Water*，*Fire*，*Earth*）。在 2008 年北京奥运会期间，部分来访的国家元首与政要获赠了此书。我认为，"五行"原则现在也能成为生态文明的"政策矩阵"。最初的草案提出了"生态文明"应具有以下基本原则：

　　金：GDP 并不能作为衡量健康经济的唯一标准。中国需要以自身的特点来衡量自己的发展。由此我们建议，应以"GDP+"为标准，也就是"GDP+ 环境 + 医疗保障 + 社会福利"。同时，我们也提出，在政府官员的晋升问题上，不应只参照 GDP 的增长，同时也要参照环境和医疗保障水平的提升。

木：保护不应被开发的保护区，其中包括河流系统和海岸线。此外，政府对环境的监管措施应得到协调统一。有关环境部门应合并成为一个具有协调权力的大型部门，可以对其他部门进行监管，并制定可执行的标准。

水：财政和信贷政策应促使企业使用可再生能源和高效能源。政府应向利用可再生能源或拥有自给自足水电回收系统的建筑项目提供信贷。政府应鼓励企业生产高效和利用可再生能源电子产品，此类政策应包含出口信贷和补贴。

火：教育点燃创新的火花。"生态文明"需要向教育系统注入环保和可持续发展的价值观，以此培育包括律师、银行家与金融家、工程师和电工在内所有行业的专业人员，使他们在工作中采取统筹兼顾的办法，优先考虑对环境的影响。大众宣传教育也应教育人们从小养成节约水电的观念。

土：中国的增长与发展很大程度上受基础设施投资的驱动。这种趋势可能仍将继续，但投资的方向却必须改变。它必须从化石燃料向可再生能源的能源网转变，并为现有的硬件基础设施提供新的软件。在新型城市里，这些基础设施必须符合三个标准：①智能（高效运输）；②绿色（低碳）；③蓝色（节水和再循环）。

我们的工作小组提交了三份基于"五行原则"的生态文明草案。有关部门在参考了这三份草案的基础上，重新整理编写、征求意见，并于 2015 年 4 月 25 日正式通过了《中共中央、国务院关于加快推进生态文明建设的意见》。如果仔细阅读的话，你可以从中看到"五行"的痕迹。

生态文明将改变世界能源格局

2015 年 4 月 25 日，中共中央、国务院通过了《关于加快推进生态文明建设的意见》，使中国政府成为全世界所有政府中对气候变化方面所做出最明确决定的一个。这项政策将可再生能源和高效能源技术作为新型增长模式的基础，并将水资源的保护作为国家政策的重中之重。它引入衡量经济与社会成就的新标准，并提倡以"保护"取代"消费"的新观念。

这份文件重新审视了中国过去刺激经济增长的发展政策。作为一份政策性文件，"生态文明"倡导通过大规模引入可再生能源与高效能源以减少碳排放，是中国在应对气候变化问题上最明确的决定。此外，它还标志着中国工业投资政策方向的决定性转变，并以环境完整性与社会福祉作为再平衡的增长目标。

它提出了一项总的政策任务，围绕新能源技术、水资源节约、环境保护设想了一种新型增长方式。

过去，较为普遍的观点是，社会和政治的稳定需要通过加速的经济增长才能得以实现，环境保护在经济发展中常常作为不可避免的发展成本。与普遍看法相反，应对气候变化并不是一场零和游戏。保护环境，恢复与自然的平衡不仅可以确保子孙后代的生存，也可以为当代人创造无数的机会。中国已经认识到这一点，并决定在环境经济学的基础上，创建一个新的发展轨道来扭转这一过程。

"生态文明"代表着中国发展政策的根本性转变。在生态文明建设的新发展理念下，经济增长的轨迹将从污染行业转向以可再生能源和高效能源系统、水资源循环保护系统和智慧城市规划为基础的增长框架。通过传媒与教育体系所强调的可持续发展观，节俭节约将成为衡量社会成功新标准中的一项，清洁能源和节水技术的研发将获得大量财政支持，并作为新的就业驱动力。

总而言之，"生态文明"颠覆了过去人们对经济和社会成功的衡量标准，并倡导利用科技创新，为中国开创绿色、循环和低碳的发展轨道。生态文明建设将成为全球能源规则的改变者，将中国定位为可再生与高效能源基础设施投资和技术生产的全球领导者。的确，可再生能源代表真正的软实力。中国将经济、政治、文化、社会、生态文明"五位一体"的发展观展现于世界舞台，从而为中国梦的实现打下牢固的发展基石。

中国的解决方案

在使"新时代中国特色社会主义"具体化的过程中，中国政府聚焦于消除贫困、缩小收入差距、发展生态和绿色能源、坚定文化自信，以及塑造与其他想要摆脱不发达状态的国家共享发展经验的国际角色。在经济全球化背景下，面对日益激烈的国际竞争，中国打造了立足中国经验与中国理论的中国式现代化。中国式现代化改变了西方现代化模式长期主导的世界现代化格局，拓展了发展中国家走向现代化的路径，为人类发展进步贡献了中国方案。

"全球南方"已经有很多相似的发展模式的例子，这些模式被某些西方机构大肆鼓吹，并得到了他们政府的支持。谈论民主、透明度和治理的西方模式往往忽视了欠发达国家从摆脱贫困走向可持续发展过程中所需解决的核心问题。

没有基础设施、交通、通信、电力、水资源和医疗保障，人们的生活就无法改善。在欧洲或美国可行的解决方案不一定对中国或其他发展中国家有效。

在提出"中国方案"时，中国政府并不建议所有国家都遵循中国的经济模式。相反地，中国方案代表的是一个国家在其独特环境中，应对独有挑战的方法。其他国家也同样应该寻求自己的解决方案，而这些方案也要基于每个国家和人民自身的历史和文化背景。

第四章

生态文明建设五大传统要素

生态文明的政策结构就很好地体现了金木水火土的平衡。改革开放 40 余年来，中国的经济社会飞速发展，如一条巨龙在东方腾飞，举世瞩目，但发展也带来了生态环境问题。

中国发展伴随的自然平衡、环境保护问题已经进入公众视线，九年义务教育的课程中也广泛涉及环保教育。最近几年，随着生态文明政策的发布和实行，作为一个生活在北京的外国人，我切身感受到了这座城市的环境变化——从不平衡到平衡的积极转变。

多年前，雾霾成为北京最受关注，也是最为棘手的环境问题。我仍然记得，那个时候走在北京的路上，经常无法看到远方的清晰景象；抬头看去是朦胧的一片灰霾，如果不佩戴 PM2.5 口罩会感到呼吸受阻，因为污染的空气中含有很多颗粒物。这些颗粒物本身是污染物，而且是重金属、多环芳烃等有毒物质、污染物的载体，如果长时间大量吸入，不仅会危及人们的呼吸系统，影响肺部功能正常工作，而且对人的眼睛、鼻腔和皮肤都有损伤。

雾霾，是自然环境和经济发展失去平衡的反映之一。越来越多的中国人意识到发展不平衡的严重后果，于是他们积极寻求转变发展方式，还原自然生态的平衡，实现可持续的绿色发展。

中国政府和中国的民众皆有决心打赢污染防治攻坚战。中国政府不仅仅是要解决京津冀的污染问题，而且关注全国范围内的生态破坏和污染问题。为了人与自然的平衡与和谐，中国政府不断加强生态文明建设，把节约资源和保护环境确立为基本国策，把可持续发展确立为国家战略；加快构建生态文明体系，全面推动绿色平衡发展。绿色、平衡的发展方式是中国新发展理念的重要组成部分，它让创新、协调、绿色、开放、共享的发展理念融为一体，深入人心。绿色发展使资源、生产、消费等要素相匹配、相适应，平衡各个要素和生产环节。

正如其他的中国特色发展路线和政策一样，"生态文明"也是中国独特的可持续发展概念。中国哲学的核心概念——五行学说，金、木、水、火、土五大核心元素之间的动态平衡可以很好地阐释生态文明理念。五行原则可以说是生态文明的政策矩阵。

金

改革开放之后，中国的制造业飞速发展，工业产值不断提升。在蓬勃发展之际，有些地方官员一味追求 GDP，一味追求发展的高速度，而严重忽视了环境问题。有些工业、化工企业为了赚取更多利润，建设更多厂房，不惜破坏当地生态环境，例如将不达标的污水随意排放入河道。这些都是不符合环境保护原则的行为。

日积月累，水滴石穿。随着制造业的规模不断扩大，中国的环境问题日趋严重。老百姓也逐渐意识到保护环境的急迫性。一时间，人们开始广泛讨论高速发展和生态保护之间矛盾的问题。按照以往的说法，产业规模有限，意味着能够提供的就业岗位亦有限，失业人口是一大不稳定因素，会引发社会不安。

那么中国做出了哪些反思呢？

重新考量 GDP。国内生产总值是西方广泛认定的衡量国家发展的标准，GDP 的高速增长意味着一个经济体在向好发展，但并不证明这个经济体能够一直向好、可持续发展。GDP 高，不与经济健康画等号。

GDP 不能作为衡量经济健康与否的唯一标准。中国需要根据自身的特点和国情来衡量自己的发展。中国在制定衡量经济社会发展水平的标准时可以参考联合国人类发展指数，以"GDP+"为标准，也就是"GDP+ 环境 + 医疗保障 + 社会福利"。与此同时，在政府官员的晋升问题上，不应该仅仅参考 GDP 的增长，也要考核环境和医疗保障水平的提高。政府鼓励发展清洁能源，深化科技体制改革，推动绿色创新转型，亦能提供更多且更高质量的就业岗位，改善过去传统的工厂环境。

"金"意味着改变衡量标准，营造一个持续向好的健康经济，而非仅仅把目光局限于经济增长速度。

木

春，属木。

木元素象征着结构、支持、框架和建筑。实施如此庞大的生态文明建设的挑战将需要政府部门之间的协调和建立环境保护红线。

遵循木的可持续发展原则，保护不应该被开发的保护区，包括河流系统和海岸线。此外，政府对环境的监管措施应该协调统一。有关部门可以调集人员组成一个具有协调权力的机构，集中对其他部门进行监管，同时制定可执行的标准。以前的环保部门权力有限，无法在环境保护问题上给其他部门提供指导，为他们制定对应的环保标准，更谈不上对其进行监管，因此亟须成立一个专门的环境保护委员会，使得它在职权范围内可以在环保问题上协助其他部门，提供专业意见。2019 年 7 月 18 日，国家生态环境保护专家委员会在北京成立，时任生态环境部部长任主任。国家生态环境保护专家委员会的职责是，做助力生态文明建设、推动生态环境保护事业发展的"智囊团"，服务大局、建言献策，在生态环境重大问题和重要决策上做好论证把关；做推进战略性、全局性研究的"领头雁"，充分发挥委员的专业优势，积极主动参与面向美丽中国的中长期生态环境保护战略、"十四五"时期生态环境保护思路及重点举措等研究；做反映基层情况、构建社会行动体系的"观察员"，不定期就生态环境保护热点、难点和重点问题深入基层开展专题调研，在评议论证和建言献策中充分反映基层实际情况，推动全社会共同参与生态环境保护；做实现交叉学科交流、跨领域创新的"融合剂"，充分发挥委员决策信息来源和通道作用，实现各领域思想碰撞、交流共享，提出前瞻性、宏观性、理论性较强的生态环境保护思路、观点和建议；做宣传环保工作、引领正面舆论的"传播者"，对内凝聚正能量，为生态文明建设和生态环境保护营造良好氛围，促进国际交流互鉴。

一系列环保机构的逐步完善为其他行业的发展提供了专业指导。譬如，以前传统的金融行业以及银行业缺乏环境保护相关的行业标准。金融领域的专业人士对于本专业的知识和政策了如指掌，却不够重视环保问题。因此，需要国家生态环境保护专家委员会能够提供专业指导，帮助制定适合该行业的环保指标，进而延伸到监督其他工业部门发展，共建绿色金融、绿色经济。

另外，要拉好生态保护红线。对于不可开发的山脉、湖泊、森林等资源进行及时有效的保护，出台政策并派专人进行监管。

水

中国古代常将水与财富联系起来。

金融行业是改革着眼的重点行业之一。要积极促进粗放式发展的金融业转变到可持续的绿色金融发展道路上。过去对于基础设施等的大规模投资为提升国家实力、改善人民生活水平作出了巨大的贡献，但过快的建设带来了一系列环境保护和生态资源问题。

中国城市的进一步向好发展离不开绿色金融。从健身步道、城中公园的建设可以看出，绿色金融符合人民日益增长的美好生活需要。绿色金融、绿色债券也将深度滋养现代人生活的这片土地，使之远离贫瘠和水土流失的境地。

随着生态文明建设与"一带一路"倡议相结合，中国在智能、绿色和蓝色基础设施建设方面的经验成为发展中国家和欠发达国家的重要资源。生态文明建设不仅仅是可持续发展，还是中国新的软实力。在一个以榜样而不是以矛盾或破坏来寻求领导力的世界中，这种软实力是非常重要的。

2014 年 5 月，中国发行了第一单"碳债券"，2015 年 7 月首次发行绿色债券，同年 10 月发行首只海外市场绿色债券。随着全球金融机构的加入，世界各国都开始紧随其后。绿色债券指募集资金专门用于支持符合规定条件的绿色产业、绿色项目或绿色经济活动，依照法定程序发行并按约定还本付息的有价证券，包括但不限于绿色金融债券、绿色公司债券、绿色企业债券、绿色债务融资工具和绿色资产支持证券。中国绿色债券市场自 2015 年正式启动以来一直蓬勃发展，2017 年、2018 年均为发行量第二大国家，占比约为 20%，仅次于美国。2021 年 4 月，中国人民银行、国家发展改革委、证监会联合印发《绿色债券支持项目目录（2021 年版）》，界定了绿色项目的范围，为中国绿色债券发展提供了稳定框架和灵活空间。2022 年，绿色债券标准委员会发布《中国绿色债券原则》，标志着国内统一、国际接轨的中国绿色债券标准正式建立。截至 2023 年三季度末，中国的绿色贷款余额超过 28 万亿人民币，同比增长 36.8%，绿色债券市场保持快速增长，发行规模居世界前列。

火

火，炎上，革故鼎新。

火元素是创新的火花，也是能够让希望保护环境的人们提高意识的传播方式。

破除旧的发展方式，重创意、科技、教育。

2023 年 7 月 17 日至 18 日，全国生态环境保护大会在北京召开。习近平主席强调，"以高品质生态环境支撑高质量发展，加快推进人与自然和谐共生的现代化"。我们能够很明显地观察到，这次会议没有着重中国经济增长的傲人成果和数据，而是描绘未来的可持续发展蓝图，助力中国经济高质量发展。

近年来，中国越发重视绿色能源发展，而背后起到重要支撑作用的是大数据和前沿科技。没有它们的支持，就没有绿色能源的广泛普及。在投资领域以及其他许多行业中，从业者也逐渐意识到要进行变革，必须重新认识自己和所在的行业。

从前，我的身份是一名律师，协助工业企业签订各种合同，帮助他们蓬勃发展。在意识到环保问题的紧迫性之后，我告诉这些企业不要为了利益而逃避环保责任。我认为，各行各业都要重新进行绿色评估，并且购进新的低碳能源设备。

从头到尾、从上到下都需要对从业者进行绿色发展教育。宣传可持续的发展观，向人民群众广泛传播新时代的绿色发展理念。

教育点燃创新的火花。生态文明建设需要向教育系统注入环保和可持续发展的理念，以此重塑包括律师、银行家、金融家、工程师、电力工作者在内的所有行业的专业人员，使他们在工作中采取统筹兼顾的方法和视角，优先考虑所做工作对环境的影响，分析利弊，采用最绿色的工作方案。

土

土代表基础设施，是国家引导下的可再生资源领域的基础设施固定资产投资。

生态文明建设要求积极转变基础设施投资方式，走可持续发展道路。在煤炭行业蓬勃发展时，中国的能源很大一部分是依靠煤炭作为支撑。煤炭是不可再生资源，且从开采、运输到使用的过程中会产生大量污染。因此，要转变发展方式，不断提高清洁能源比重。

2022年中国发布的《"十四五"全国城市基础设施建设规划》指出，要构建系统完备、高效实用、智能绿色、安全可靠的现代化基础设施体系，提出了绿色低碳、安全韧性的工作原则，全面落实新发展理念，推动新时期城市基础设施的绿色低碳发展新模式、新路径；重点任务中包含了完善城市生态基础设施体系，推动城市绿色低碳发展；将城市交通设施、城市能源系统绿色化提升等列为重大行动。从顶层设计上对中国城市基础设施建设的绿色化发展提出了要求和具体的行动。

近年来，中国的绿色发展理念已经伴随"一带一路"倡议深刻融入中国与众多国家的合作之中，中国的绿色基建理念受到广泛认可，并在世界各地开花结果。习近平主席在第二届"一带一路"国际合作高峰论坛开幕式上发表主旨演讲时指出，"把绿色作为底色，推动绿色基础设施建设、绿色投资、绿色金融，保护好我们赖以生存的共同家园"。共建"一带一路"始终坚守绿色的底色。共建"一带一路"倡导尊重自然、顺应自然、保护自然，尊重各方追求绿色发展的权利，响应各方可持续发展需求，形成共建绿色"一带一路"共识。哈萨克斯坦札纳塔斯风电项目将戈壁滩转变为发展前沿，阿根廷高查瑞光伏电站项目成为南美地区装机容量最大、海拔最高的光伏电站项目，巴基斯坦卡洛特水电站助力缓解巴基斯坦能源短缺局面……中国充分发挥在可再生能源、节能环保、清洁生产等领域的优势，运用中国技术、产品、经验等，给"一带一路"合作增添亮眼绿色。

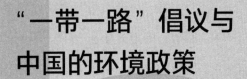

"一带一路"倡议与
中国的环境政策

第五章

将"一带一路"倡议放到全球视野中观察，我们很快就会发现，看待它的方式不止一个。不同的人会对它有不同的看法。从中国向外看的视角与从西方国家向中国内部看的视角得出的结论差别是很大的。

另外，我们还要把商界人士和媒体人士区分开来。商界人士对待"一带一路"倡议的态度更加开放，更愿意发现其中的机遇；西方媒体则通常对此持批评态度，且怀有偏见。而一谈到环境保护的问题，西方人的看法更是偏颇，完全经不起事实考验。西方一些人是气候变化论怀疑者，他们认为气候变化、全球变暖等概念是人为制造的"骗局"。当然，并不是所有人都这样想。

通常，西方人会选择性遗忘，在发展初期，他们走过的道路与新兴经济体正在走的路是一样的，人们会为了经济利益而牺牲环境。共建"一带一路"的国家和地区大多是新兴经济体和发展中国家，它们大多处于工业化和城市化的进程中，非常依赖能源和开采行业。许多国家的地缘政治和经济状况非常相似，还缺少支持经济发展的基础设施。它们都希望发展经济，因此，也都面临着同样的问题——如何才能在促进发展和保护环境之间找到一个平衡点，或者说，在经济效益和环保效益之间如何取舍。

关于中国环境问题的报道层出不穷，特别是非常突出的空气污染问题。因此，西方媒体一直诘问，同"一带一路"相关的金融机构是否会将环保达标当作投资评估的基本条件。西方观察家经常发表这样的言论，所谓"一带一路"倡议，就是中国将高污染产业转移到欠发达国家的产业发展策略，而另外一些新闻报道则会质疑亚投行以及其他金融机构是否会采取跟世界银行一样的环保标准。

这样的质疑早已有之。2014 年 11 月 11 日，《经济学人》就发表了标题为《中国为什么要创造一个新的世界银行？》的文章，文中提到："在公开场合，美国以及其他一些抵制该机构的国家普遍表达了对亚投行管辖权不明确的担忧。批评人士警告说，中国领导的银行也许无法在环境保护、劳动力保护和采购方面维持高标准，而这是开发银行发放贷款的根本底线。"

这些质疑大多属于空穴来风。我们感兴趣的是中国发展"一带一路"倡议的意图和愿景，以及它如何实施环境保护策略。

绿色发展无人能置身事外

　　形意拳是一种功夫流派，融合了传统的五个元素：金、木、水、火、土。这些要素相互中和，发挥积极作用。这五个要素对于理解中药也至关重要，中药旨在通过调节体内元素的平衡来应对疾病。五套形意拳分别对应一个不同的元素以及身体的不同部位。因此，通过练习这项武术，人们可以重新达到更高的平衡。平衡是中国文化的一个重要方面，中国文化强调不走极端，在各个方面寻求平衡。

　　从形意拳的理念回到生态文明的逻辑，中国政府积极采用节约资源、保护环境的基本国策，改变曾经的高能耗生产和消费方式，真正提高人民群众的生活质量。

　　生态文明建设不只是保护环境，还要考虑各方面问题，统筹规划。

　　古老的金木水火土动态平衡原则也在中国的生态文明建设中体现得淋漓尽致，全国各地积极落实生态保护的政策，经过一段时间后，中国的面貌必将焕然一新。这是西方国家很难实现的。

　　一味盲目发展经济，为追求 GDP 的高速增长而破坏生态平衡，这是违背自然规律，违背五行法则的短视行为。

联合国的 2030 年可持续发展议程已经启动，但其目标实现进度明显落后于预期。而依托生态文明建设有关政策，中国也许会成为唯一能够实现此发展目标的国家。

正因为中国人重视平衡，中国政府才能及时意识到加强生态文明建设的重要性。

习近平主席说，生态环境是关系民生的重大社会问题。中国把节约资源和保护环境确立为基本国策，把可持续发展确立为国家战略。这些都是随着中国经济社会的动态发展人们意识到平衡问题后给出的解决方法。从"两个文明"到"三位一体""四位一体"再到"五位一体"，中国人不断推动金木水火土的新平衡，从而使中国特色社会主义进入新时代。

习近平主席一直倡导人类命运共同体的原则，保护生态环境是全球面临的共同挑战和需要共同担负的责任。生态文明建设做得好，新时代中国特色社会主义会更加平衡、和谐。

从世界视角看，人类进入工业时代以来，化工产业迅猛发展，在创造巨大物质财富的同时也加速了对自然资源的攫取，打破了地球生态系统原有的循环和平衡，造成人与自然关系紧张。

中国推进落实生态文明建设，秉承着人与自然和谐共生的原则。他们相信人与自然是生命共同体。生态环境没有替代品。当人类合理利用、友好保护自然时，自然的回报常常是慷慨的；当人类无序开发、粗暴掠夺自然时，自然的惩罚必然是无情的。人类对大自然的伤害最终会伤及人类自身，这就是平衡的法则。

在社会发展过程中，中国政府坚持节约优先、保护优先、自然恢复为主的方针，不能只讲索取不讲投入，不能只讲发展不讲保护，不能只讲利用不讲修复。中国人非常重视自然环境和人类社会活动的平衡，他们像保护眼睛一样保护生态环境，像对待生命一样对待生态环境。中国政府相信"绿水青山就是金山银山"。这是中国一个重要的发展理念。保护生态环境就是保护生产力，改善生态环境就是发展生产力。

生态环境问题归根结底是发展方式和生活方式问题，要从根本上解决生态环境问题，必须贯彻创新、协调、绿色、开放、共享的新发展理念，加快形成节约资源和保护环境的空间格局、产业结构、生产方式、生活方式，把经济活动、人的行为限制在自然资源和生态环境能够承受的限度内，给自然生态留下休养生息的时间和空间。中国政府正在加快划定并且严守生态保护红线、环境质量底线和资源利用上线。

良好生态环境是最普惠的民生福祉。山水林田湖草沙是动态平衡的生命共同体。生态是统一的自然系统，是相互依存、紧密联系的有机链条。中国不仅努力建设自己的生态文明动态平衡，而且向全世界的国家推广这一核心思想，共谋全球生态文明建设。应对气候挑战，需要世界各国同舟共济、共同努力。任何一国都没有办法置身事外、独善其身。

中国在国内面临的环保挑战

这是一项非常艰巨的任务。中国期望共建"一带一路"的国家和地区能够加大推行可再生能源基础设施的力度。这可不是一拍脑门儿的简单想法。这个决策的基础是，中国已经认识到解决各种污染问题是利国利民的大事。

几十年来，中国经济以超高的年增长率发展的同时也有其副作用。随着环保观念越来越深入人心，许多中国人把环境保护作为自己最关心的问题，对环保的关注达到前所未有的高度。如今，中国面临的一个挑战是如何在关停污染企业和避免就业岗位减少之间找到良好的平衡点。

因此，在这样的过渡时期，中国希望尽可能调动人民的力量，帮助中国人民和国际商界人士做好中国经济增速会放缓的心理准备就是必要的策略之一。习近平主席多次强调要树立正确的发展观、生态观，中国政府也多次在公开场合强调要实现环境改善与经济发展的双赢。

土壤退化的危险

中国宏伟的"一带一路"蓝图的基础设施建设项目跟古丝绸之路面临着一个相同的问题：风沙。荒漠化、土壤退化还有干旱问题威胁着共建"一带一路"的多个国家和地区。受这个问题困扰最严重的国家有吉尔吉斯斯坦、巴基斯坦、埃及和蒙古。这些国家大约90%的领土都受到荒漠化和土壤退化的威胁。土耳其的农业用地面积已经累计减少了1000多万公顷，林地则减少了520万公顷。

根据中国国家林业和草原局组织开展的第六次全国荒漠化和沙化调查工作结果，截至2019年，全国荒漠化土地面积占国土面积的26.81%，沙化土地面积占国土面积的17.58%。荒漠化地区大多位于干旱的西北地区。

落后的经济和脆弱的环境是一对难兄难弟

大部分受到干旱困扰的国家都同时面临经济发展速度缓慢的问题，然而，加快经济发展的速度则可能会使环境问题进一步恶化。

基础设施建设是发展的必要条件，而贸易活动对环境的冲击非常大。中国政府对此深有感触，因此，科技部国家遥感中心2015年度报告选定"一带一路"区域生态环境状况作为专题，开展了遥感监测分析。

中国多年来积极致力于抗击荒漠化的工作，并且取得了显著效果。为掌握全国荒漠化和沙化现状及动态变化情况，中国每5年组织开展一次全国荒漠化和沙化土地调查工作。2019年，国家林业和草原局组织开展第六次全国荒漠化和沙化调查工作。调查结果显示，截至 2019 年，全国荒漠化土地面积 257.37 万平方公里，沙化土地面积 168.78 万平方公里，与 2014 年相比分别净减少 37880 平方公里、33352 平方公里。重度荒漠化土地减少 19297 平方公里，极重度荒漠化土地减少 32587 平方公里。沙区生态状况呈现"整体好转、改善加速"态势，荒漠生态系统呈现"功能增强、稳中向好"态势。2019 年沙化土地平均植被盖度为 20.22%，较 2014 年上升 1.90 个百分点。植被盖度大于 40% 的沙化土地呈现明显增加的趋势，5 年间累计增加 791.45 万公顷，与上个调查期相比增加了 27.84%。八大沙漠、四大沙地土壤风蚀总体减弱。2019 年风蚀总量为 41.79 亿吨，比 2000 年减少 27.95 亿吨，减少 40%。岩溶地区第四次石漠化调查结果同时发布。截至 2021 年，全国石漠化土地面积为 722.32 万公顷，与 2016 年相比净减少 333.08 万公顷，年均减少 66.62 万公顷，年均缩减率为 7.72%。

力争成为环保领域的领跑者

中国在环保方面的努力有助于在共建"一带一路"国家和地区建立可持续的伙伴关系，同时也有利于中国树立崭新的国际大国形象——不仅仅是世界最主要的经济体之一，同时也是环保领域的领跑者。中国崭新的国际形象中，非常重要的一环就是"一带一路"倡议的生态友好度。

中国环保政策的影响非常深远。如果成功了，中国就能够成为众多新兴经济体的榜样，并将其成功经验推广到整个"一带一路"倡议内。

接下来我将解释一下，作为"一带一路"倡议开发基本指导方针之一的"生态文明建设"。

生态文明建设是中国版的可持续发展

2012 年 11 月，十八大将生态文明建设写入党章。习近平主席强调说，中国将加强"生态文明建设"来解决经济发展同环境保护之间的利益冲突。

2015 年 4 月 25 日，中国政府发布《关于加快推进生态文明建设的意见》，坚持节约资源和保护环境的基本国策，把生态文明建设放在突出的战略位置。2015 年 9 月 11 日召开的中共中央政治局会议，审议通过了《生态文明体制改革总体方案》。这个方案是生态文明领域改革的顶层设计和部署，提出了生态文明体制改革的总体要求，定下了改革目标：到 2020 年，构建起由自然资源资产产权制度、国土空间开发保护制度、空间规划体系、资源总量管理和全面节约制度、资源有偿使用和生态补偿制度、环境治理体系、环境治理和生态保护市场体系、生态文明绩效评价考核和责任追究制度等八项制度构成的产权清晰、多元参与、激励约束并重、系统完整的生态文明制度体系，推进生态文明领域国家治理体系和治理能力现代化，努力走向社会主义生态文明新时代。

新的征途已经开始。然而，尽管环保的必要性显而易见，要让环保意识真正深入人心还需要时间。正如在其他领域一样，资金是基础。众所周知，资本的流动是为了寻求利益的最大化。普华永道的分析师约翰·巴恩斯（John Barnes）在其文章《从更加绿色的中国获取利益》中如是写道："从长远来看，同气候变化相关的领域会成为中外投资者寻求新商业机遇的增长点。"

生态文明建设还意味着一套完整的政策体系，该体系集合了金融、教育以及政府行政管理措施，致力于推动中国的能源体系从以化石燃料为主到以可再生资源为主。

中国绝不是说说而已。2022年，全球有60多个国家超过10%的发电量由可再生能源提供。全球可再生能源发电装机容量达33.72亿千瓦，新增装机容量达2.95亿千瓦，占新增总装机容量的比重达到83%，增长率9.6%。中国是全球可再生能源发电新增装机容量最大贡献者，占全球新增装机容量的51.7%。2022年，中国可再生能源发展成绩斐然。全年新增可再生能源装机1.52亿千瓦，占全国新增发电装机的76.2%，是新增电力装机的绝对主力。全年风电、光伏年发电量首次突破1万亿千瓦时，接近中国城乡居民生活用电的总量，可再生能源在保障能源供应方面发挥的作用越来越明显。

生态文明建设的五大方向和要处理好的五大关系

　　总结中国关于生态文明建设的政策文件，我们不难发现，各个文件在总体规划下各有不同的侧重点，对不同领域的绿色发展进行了具体而微的指导。中国生态文明建设的政策文件归纳一下，我们会发现其指明五大方向：

　　1. 国家投入电网改造，使用绿色能源；

　　2. 利用金融、信贷和财政政策手段促使企业使用可再生以及高效能源；

　　3. 重新定位 GDP；

　　4. 画定红线，划定禁止开发或者开采的生态敏感区；

　　5. 生态文明教育包括：

　　（1）对生态价值观进行广泛传播；

　　（2）对青少年进行生态文明建设有关技术和绿色经济知识的教育。

　　一旦成功，中国会成为领跑者，并很自然地创造出一个新的范式，为国际社会面临同样挑战的国家提供参考。随着这些方面的逐渐成熟，治国理政的中国经验和环境保护的中国方案，必将收获更多的国际尊重。

2023年7月17日至18日，全国生态环境保护大会在北京召开，习近平主席出席会议并发表重要讲话强调，中国生态环境保护结构性、根源性、趋势性压力尚未根本缓解，经济社会发展已进入加快绿色化、低碳化的高质量发展阶段，生态文明建设仍处于压力叠加、负重前行的关键期。同时，习近平主席还指出，总结新时代十年的实践经验，分析当前面临的新情况新问题，继续推进生态文明建设，必须以新时代中国特色社会主义生态文明思想为指导，正确处理五个重大关系。

一是高质量发展和高水平保护的关系，要站在人与自然和谐共生的高度谋划发展，通过高水平环境保护，不断塑造发展的新动能、新优势，着力构建绿色低碳循环经济体系，有效降低发展的资源环境代价，持续增强发展的潜力和后劲。

二是重点攻坚和协同治理的关系，要坚持系统观念，抓住主要矛盾和矛盾的主要方面，对突出生态环境问题采取有力措施，同时强化目标协同、多污染物控制协同、部门协同、区域协同、政策协同，不断增强各项工作的系统性、整体性、协同性。

三是自然恢复和人工修复的关系，要坚持山水林田湖草沙一体化保护和系统治理，构建从山顶到海洋的保护治理大格局，综合运用自然恢复和人工修复两种手段，因地因时制宜、分区分类施策，努力找到生态保护修复的最佳解决方案。

　　四是外部约束和内生动力的关系，要始终坚持用最严格制度最严密法治保护生态环境，保持常态化外部压力，同时要激发起全社会共同呵护生态环境的内生动力。

　　五是"双碳"承诺和自主行动的关系，我们承诺的"双碳"目标是确定不移的，但达到这一目标的路径和方式、节奏和力度则应该而且必须由我们自己作主，决不受他人左右。

　　在生态文明建设上，中国始终秉持一以贯之的绿色发展理念，在不断总结前期经验的基础上，优化、完善相关政策，分阶段持续推进各项措施落地实行，保证真抓实干出实效。

中国生态文明新蓝图详解

一言以蔽之，生态文明是建立在下列三大支柱之上的观点和结论的集合：绿色基础设施、绿色金融以及绿色信贷。

绿色基础设施

中国在过去四十多年中的快速发展最重要的驱动力就是针对基础设施（土地、建筑、设施、机械）的固定资产投资。这些基础设施是提供互联互通服务的基础，也是许多产业繁荣发展的必要条件。工业企业依赖这些设施采购原材料，生产完整的产品，并在国内外顺利地分销各种商品。

中国制造业的兴起与迅速增长的能源消费密不可分，中国已经成为世界第一大能源消费国。以前，中国消耗的多为煤炭能源。生态文明建设政策的核心目标之一就是将以煤电为主的供电网络变成以绿色能源为主，比如太阳能、风能、核能。中国认为核能是一种安全的能源，尽管金属铀的开采、核原料的储运都有一定的风险性，对环境也会有破坏。伴随着清洁能源设施的不断增强，中国能源在绿色化上效果显著。根据中国国家发展和改革委员会披露的信息，2022年中国能源绿色低碳转型稳步推进，天然气、水电、核电、风电、太阳能发电等清洁能源消费量占能源消费总量的25.9%，上升0.4个百分点。石油和天然气两种传统的化石能源消费，近20年来首次出现了双降，分别下降了0.7和0.4个百分点。通过实施能效提高、节能降耗、产品设备升级等措施，十年来，中国能耗强度累计下降26.4%，以年均3%的能源消费增速支撑了6.2%的经济增长，相当于少用14亿吨标准煤，少排放二氧化碳近30亿吨。

中欧合作

中国进行的从化石燃料发电向可再生能源发电转变的改造工程本身就需要大笔投资，来进行一系列的技术开发和系统建设。欧洲在这方面技术领先，所以中国非常重视在生态文明建设领域同欧盟的合作。来自欧盟的专家们通过中欧能源对话与中国共同开发新技术、制定高标准。中国尊重欧洲在环保方面的高标准和决心，因此，它积极向欧洲学习，以欧洲为榜样，参考欧洲的经验设定标准。

实现环境保护同经济发展齐头并进的典范之一就是芬兰。《芬兰2030年》(*Finland 2030*)的开篇就明确指出："小规模的能源生产、为建筑增加清洁能源解决方案并开发智能电网这些举措创造了新的商业发展机遇，具备非常巨大的发展潜力。"

今天，芬兰已经在使用最先进的技术来建造能源自给自足的智慧建筑物。放到全球大背景之下来看，芬兰有550万人口，只相当于中国某些城市一个区的人口。但是，这无疑为我们指明了一条发展的可行路径，展示了到底可以做到哪一步。假如一个接一个的中国城市都建成了自给自足的智慧城市，那么，中国的影响力将会十分巨大。如果中国拥有了整合并利用这种技术的潜力，它的能力将会呈指数级增长，可再生能源的成本也会大大降低。

中国是一个愿意学习、善于学习的国家，在追求高质量发展的过程中不断摸索适合自己的道路。中国政府高瞻远瞩，在 2012 年就开始了国家智慧城市（区、镇）试点工作，并制定《国家智慧城市试点暂行管理办法》和《国家智慧城市（区、镇）试点指标体系（试行）》来指导具体的智慧城市（区、镇）建设工作，前后设立了数百个国家智慧城市试点，极大推进了中国的智慧城市建设。智慧城市是数字中国建设的核心载体和重要内容。2023 年 11 月 15—19 日，第二十五届中国国际高新技术成果交易会（高交会）在深圳举行，由国家信息中心、亚洲数据集团主办，以"数字变革激发城市新活力"为主题的 2023 智慧城市发展高峰论坛成功举办，各界人士齐聚一堂，共同探讨智慧城市发展之路。

在国家政策的指导下，中国涌现出越来越多低碳环保的智慧建筑。2023 年 6 月，上海普陀区桃浦智创城东部拓区内的长三角一体化绿色科技示范楼正式启用。该楼总建筑面积近 1.2 万平方米，被中国建筑节能协会评为零能耗建筑，成为上海市最大单体的零能耗建筑。长三角一体化绿色科技示范楼自己会发电，外立面和楼顶安装高效的预制光伏板，除了满足自身需求外，每年还能结余 8 万余千瓦时电量补充到市政用电；146 口地源井构成地源热泵系统，减少了 11.7% 的用电量；采用高效的建筑生态水循环系统，实现了非人体接触用水的自给自足；地下车库用 8 个导光管系统引入自然光线减少照明能耗；大楼大量采用绿色建材……整个楼的节能智慧让人叹为观止。

将该模式推广到非洲、南亚和中东

非洲各国政府对沿海地区的发展和城市人口的集中感到焦虑。从非洲目前的发展水平看，其集中式能源供应和城市基础设施还都非常落后。

集中式能源供应的概念基础就是用一个发电站满足整个地区电力需求。非洲国家的村庄非常分散，因此，将偏远农村地区接入电网非常困难；即使勉强做到，成本也会非常高昂。所以，许多偏远村庄是根本不通电的。

如果非洲和南亚国家可以建设分散的或者本地化的太阳能迷你电网，甚至只是安装家用太阳能装置，那么，那些边远地区的村庄和家庭就能够拥有自己的电力来源，而无须依赖大型发电站和电网供电系统。

如果这种形式的可再生能源能够普及到南亚和非洲那些人口众多的城市当中去，其成本就能够进一步降低，其能力也能进一步增强。这对共建"一带一路"国家和地区而言是一个双赢的选择。除了这些优势之外，可再生能源还能够比化石能源多创造 50% 的工作岗位。因此，中国对可再生能源的重视对那些得到中国投资的国家很有吸引力。

中国致力于建设新的生态友好型城市，这是它与许多中东国家合作的基础。这些国家看到了中国在"一带一路"倡议内实施的新能源策略，甚至卡塔尔和阿联酋都表达了同中国合作的意愿。其实也无须大惊小怪，虽然这些国家的收入主要来源是石油出口，它们一样也希望能够建成自给自足的、以太阳能为基础的能源体系。毕竟，大部分太阳能电池板的主要成分就是从砂石中提炼的。

中国与阿拉伯国家共建绿色"一带一路"

2023 年 11 月 29 日，中国同约旦签署《中华人民共和国政府与约旦哈希姆王国政府关于共同推进丝绸之路经济带和 21 世纪海上丝绸之路建设的谅解备忘录》。至此，中国同全部 22 个阿拉伯国家和阿盟签署了共建"一带一路"合作文件。

阿拉伯国家在历史上就是丝绸之路的重要参与者，是共建"一带一路"的天然合作伙伴。阿拉伯国家的关注点在于中国在国际上发挥怎样的作用。另外，中国与阿拉伯及东欧国家要共同发展与繁荣，就需要共同建设新的金融和投资系统，中国具体将如何实施也备受关注。随着投资的增加，中国将意识到其商业利益需要通过政治协商得到保障，这将有利于帮助阿拉伯世界创造稳定的环境。

中国将着力与阿拉伯国家合作开展清洁能源项目。目前，一部分海湾地区石油生产国已经根据自己的需要转向太阳能。智能基础设施是关键。核能将扮演主要角色，中国企业与阿联酋、沙特、苏丹等国签署了和平利用核能协定，并在铀矿勘探、核燃料供应、核电站运维等领域达成合作意向。

阿拉伯国家的领导人都很重视中国的"一带一路"倡议。中国与阿拉伯文化通过贸易路线相互交织，形成千百年来连接亚洲、中东和北非的古老丝绸之路。"一带一路"倡议是中国通过基础设施投资、公路、高铁、港口等促进各国共同发展、实现共同繁荣的政策，它进而可以提高更广泛区域制造业的效率。这一政策很受阿拉伯国家领导人的欢迎。

千百年来，以尊重多元文化、互通互鉴为基础，丝绸之路代表着真正的经济全球化。"一带一路"倡议尊重文化和政治系统的多样性，从而能够为从中国到中亚、东欧，以及从南亚到中东和非洲的发展提供必要的基础设施和沟通桥梁，同时又遵循生态文明原则。"一带一路"倡议强调尊重由文化与历史因素形成的各国不同国情的共识，将重塑全球经济新格局。这是一种全新而深远的思路，必将通过促进经济发展，而非强加一国政治意识形态来保证区域稳定。

从历史上看，中国与中亚、南亚、东欧、中东和非洲的联系非常密切。丝绸之路曾是跨越千年的经济秩序。在历史长河里，殖民主义及后殖民时代新经济秩序一度挫伤丝绸之路的通畅。现在，中国开始重新打通这条路，并赋予它新的时代意义。

事实上，北京城的建设也与阿拉伯文化有关。北京胡同的布局在元朝皇帝忽必烈统治时期就有了雏形。13世纪时，忽必烈征服了南宋，统一了全国，定都在现在北京所处的位置，称其为"大都"。他请来了阿拉伯建筑师来设计这座新的都城，这使得这座城市有着和卡斯巴哈（译者注：北非古城，位于阿尔及利亚首都阿尔及尔的东北部，是世界文化遗产）一样蜿蜒曲折的小巷。尼泊尔的工匠建起了新都城的象征——妙应寺（俗称白塔寺）的白色佛塔。北京是文化的交汇点，是具有多元性、学习性和更高抱负的开放中心。同样，中国的文化也辐射到中亚和东欧，现在已然融入这些地方人民的文化生活之中。

2024 年元旦，我在北京四合院的家中沉思。在一片静寂中，我回想了这里过去四十多年的历史。我不仅是一个旁观者，更是一个参与者，是中国改革开放与现代化历程中连锁反应的一分子。这一系列变化的价值只有在复杂深厚的历史背景下才能体现，而造就这历史背景的能量源泉正是北京。

绿色丝绸之路上的绿色金融信贷政策

随着生态文明建设和绿色发展理念的形成，从环境保护的大局和民族的长远利益考虑，中国正在逐渐放弃与之发生冲突的眼前利益和局部利益。为了实现环境破坏最小化，中国现在更愿意选择经济利益与环境保护并重的发展模式。

中国的丝路基金计划加入全球绿色转型计划，在相关项目中推行绿色开发原则和绿色金融。这些项目主要涵盖新能源、绿色交通、环境监控以及其他一系列基础设施项目。

绿色项目需要大量资金且前期收益较低

新兴市场的基础设施投资风险较大，而且通常要很久之后才能够有回报。尽管绿色项目建设周期和回报周期长、资金投入大、前期收益低，丝路基金还是能够提出比较合理的投资条件。

只有那些充分考虑社会、经济和环境效益的项目才能够在共建"一带一路"国家和地区稳步发展。这样的基金帮助各国解决了许多曾经阻碍其发展的问题。

丝路基金会支持共建"一带一路"国家和地区利用先进技术实现绿色发展。为了提高资源利用效率并减少浪费，项目会采用先进的绿色技术，比如垃圾处理和先进的化工技术等，其目的是节约能源、减少排放，在"绿色丝路"上建设循环经济。

"一带一路"倡议提纲挈领的理念就是，即使不是走在最前面的，中国也希望能够成为推广绿色技术和绿色金融的先行者之一。它已经制定了先期行动方案：消费者购买新能源汽车可以享受返利优惠，并且在全国各地修建了大量新能源汽车充电站，以保证新能源汽车的用电需求；大力发展太阳能技术，其中包括在建筑物上使用太阳能涂料的技术等。

将生态文明建设整合进"一带一路"环评标准是个需要优先解决的问题。亚投行正在根据生态文明建设的要求制定适用于各种项目的环保标准。

中国：绿色债券游戏规则改变者？

2015 年 5 月，欧洲投资银行（EIB）与亚洲基础设施投资银行签署合作框架文件以推动双方机构开展更高效的合作。欧洲投资银行是全球气候变化相关投资贷款额最高的银行之一，而且是绿色债券领域的领导者。

2017 年 12 月 12 日，亚洲基础设施投资银行对外发布，已经批准一笔 3.35 亿美元的贷款，用于印度城市班加罗尔修建地铁。这是亚投行首次涉足地铁项目领域，也是首次与欧洲投资银行联合融资。

欧洲投资银行行长维尔纳·霍伊尔（Werner Hoyer）表示："中国的'一带一路'项目将为共建国家和地区提供更多机会，我们也能够找到更多有价值的投资项目。"

亚投行行长金立群认为，双方的协议"标志着亚投行在满足全球范围内的伙伴关系不断增加"。

由汇丰银行赞助的《环球资本》（*Global Capital*）杂志2015年12月发表了一篇题为《中国：绿色金融实验室》的标题文章，其中写道："尽管总体来说，同欧洲的一些国家和地区相比，亚洲许多地方对绿色金融接受得还不够快，中国却一枝独秀，大刀阔斧地改革，尽力建成绿色金融体系。绿色债券是该项行动的核心举措，而中国市场有希望成为全世界最大的绿色债券市场。"

借鉴斯堪的纳维亚半岛的经验，中国发行了自己的绿色债券。2015年7月，新疆金风科技股份有限公司在香港联交所发行了中资企业首单绿色债券，总金额为3亿美元，期限为3年；2015年10月，中国农业银行在伦敦证券交易所发行中资金融机构首单绿色债券，债券总价值10亿美元，都实现了超额认购。气候债券倡议组织（The Climate Bonds Initiative）的首席执行官也是联合创办人之一肖恩·基德尼（Sean Kidney）说："其中3年期和5年期美元债券合计认购倍数达4倍，人民币2年期债券认购倍数更是高达8倍。"

现在，中国已经成为绿色债券发行领域的领头羊，发行规模居世界前列。各国或各地方政府必须满足一定的条件才能够申请绿色债券。基础设施项目必须采取可再生的高效能源系统以满足环境保护要求。

2023 年 10 月，中国银行在阿联酋纳斯达克迪拜交易所举行其全球首批共建"一带一路"绿色债券上市摇铃仪式。该次发行的绿色债券规模合计等值 7.7 亿美元，将用于"一带一路"共建国家的合格绿色项目。该绿色债券由迪拜和卢森堡两家境外分行同步发行，期限均为 3 年。

2023 年 10 月，中国工商银行成功发行全球多币种"一带一路"主题境外绿色债券。本次绿色债券发行同时符合国际资本市场协会（ICMA）绿色债券原则和中国绿色债券原则，包含美元浮动及固定利率、欧元固定利率、离岸人民币固定利率三个币种、四个品种，募集资金专项用于绿色交通和可再生能源等具有显著碳减排效果领域的绿色项目。共建"一带一路"相关机构投资者踊跃认购工商银行绿色债券，最终该次发行规模等值 20.3 亿美元。

中国有关部门采取了分层次同时又并行不悖的方式来推进"一带一路"建设。绿色金融就是一个典型的例子。绿色金融领域专家、原中国人民银行研究局首席经济学家马骏强调，要让投资者更加便利地买到绿色资产，包括绿色债券，就需要"一定程度的绿色标准的趋同化"。

"绿色丝绸之路股权投资基金"是中国的一只私募股权投资基金，也是"绿色丝绸之路伙伴计划"的首个落地项目。该基金设立于 2015 年 3 月，首期募资 300 亿元，计划未来 10 年在丝绸之路经济带周边生态脆弱区种植 13 亿树苗，帮助 10 万公顷退化土壤恢复生态环境。

将自然资源资产审计纳入政绩考核

　　"一带一路"倡议的规模是前所未有的，乘着该倡议的东风，中国对干部考核制度进行了改革，除了考核经济指标外，还把生态环境保护纳入政府考核。这件事还没有先例，中国没有现成的模式可以学习。要建立切实可行的新考核体系，中国还必须采取过去行之有效的策略：边实验边推进，循序渐进，稳扎稳打。这绝不是嘴上功夫。2015 年，中国政府就开始进行自然资源资产离任审计试点考核了；2016 年，试点范围进一步扩大。

　　2017 年 11 月，中共中央办公厅、国务院办公厅印发《领导干部自然资源资产离任审计规定（试行）》，明确审计内容和重点，标志着一项全新的、经常性的审计制度正式建立。被审计领导干部履行自然资源资产管理和生态环境保护责任情况被分成了好、较好、一般、较差、差 5 个等次，并对各个等次进行了详细解释，所涉责任人实行终身问责。

　　地方官员的晋升与能力和业绩挂钩，因此希望提升职级的官员会努力在任期内做出政绩。因此，地方 GDP 增长竞争异常激烈。新政策的制定说明，中国已经将 GDP 放在更加广阔的大背景之下进行考察，而且也会重新考虑以牺牲环境和生态系统为代价、片面推动工业高速增长的发展策略了。

　　中国政府的态度和评价标准已经有了明显的改变。对生态文明建设的重视说明中国已经看到为了发展经济而付出的高昂代价——大量碳排放和各种污染行业严重威胁到了人民的水源、食品安全以及身体健康。随着财富的增长以及全世界最大的中产阶级群体的形成，现在亟待解决的问题就是平衡经济发展和环境保护两大需求。在这样的大背景下，中国必须重新思考发展战略，并重新认识 GDP 这个衡量标准的局限性。

新的目标评价考核方法

大力开展生态文明建设是中国实现"可持续发展"的重要举措，也是中国在这条道路上迈出的重要一步。可以想见，中国接下来的步骤就是建立自己的国内生产总值衡量标准。根据自己的需要调整评价标准对中国意义重大。在这个过程中，中国将建立起一个同西方的衡量标准截然不同的体系。

其实，当邓小平提出要建设有中国特色的社会主义的时候，中国就已经在开拓属于自己的独特道路了。从那以后，中国的领导集体致力于发展出符合中国国情的经济发展理念（并给这些理念做出恰如其分的命名），而不是照抄西方世界的经验。

因此，我们认为，中国能够开发出衡量自己国家经济体系健康繁荣发展的独特方法。传统的 GDP 考核可能还会被继续沿用但会被弱化。为了更加全面、科学地衡量一个地区的发展水平，中国会增加新的评价标准，而这意味着未来中国经济增长模式将发生根本性变化。

金融体系的系统性调整

"自然资源资产离任审计"的概念已经开始在地方政府层面进行落实。过去，地方官员的提升主要看其任职地或者管辖区域的GDP发展情况。而在生态文明建设大背景下，在考察省区市领导的时候，自然资源资产（生态环境、绿地面积、世界遗产地等）的评估将成为重要标准之一。如果任期内自然资源资产发生重大损失，他们的仕途也就到头了。这样的做法在某个地区内试点成功，就可以很快推广到全国范围内，并且会根据各地情况做出相应调整。

可再生能源的利用率以及卫生保健服务的改善也将成为衡量一地经济发展水平的标准。参考联合国开发计划署制定的"人类发展指数"标准（中国当然知道有这样一个指标），中国吸收了众多考虑因素来衡量其经济体系的健康程度，而不再片面追求经济增长。

如果将中国这项新的评价体系推广应用到整个"一带一路"倡议范围内，我们就能够创造包括环境、医疗卫生、非物质文化遗产等诸多方面全面开花的繁荣经济景象。这样的思路也会影响"一带一路"倡议相关金融体系金融项目评估因素优先事项的确定。

采取中国方式

对 GDP 衡量办法的再思考是同"一带一路"倡议直接联系在一起的。尽管中国已经做好了逐渐放缓经济增长速度的准备，但是，中国公司可以对那些经济增长速度走在快车道上的国家投资并从中获益。中国过去之所以能够取得如此惊人的经济发展速度，起点低也是一个重要的因素。同样的，那些得到中国投资的欠发达国家也会走上经济迅速发展、人民收入迅速增加的快车道。对这些国家投资的中国投资者也能从它们的快速发展中获得回报。得益于"一带一路"倡议大力推进的生态文明建设，这些国家的高速发展一开始就建立在了绿色基础设施基础之上。

与此同时，共建"一带一路"国家和地区还会密切关注中国会如何制定新的经济健康度衡量标准。一旦中国成功地重新定义了自己的衡量标准体系，其影响力可能会辐射到"一带一路"相关国家，因为中国的标准可能会更适应这些国家的未来需要。

"一带一路"和绿色发展路线

在大力发展生态文明的大背景下，许多开采企业被关停，而且许多地方被划定为"红线"区域，禁止企业开发开采。西方观察家普遍关注的是，中国是否会在共建"一带一路"国家和地区采取类似措施保护自然生态系统。

中国有切身的体会，知道资源开采的消极影响，以及这类活动对人类水源和食品安全的威胁。中国在这个方面的表态是否令人信服，还要取决于它是否能够妥善应对国内对环境和健康安全问题的质疑和担忧。

无论方法本身多么面面俱到，"一带一路"倡议都必须认真考虑各地实际情况。而将生态文明建设作为贯穿"一带一路"倡议的"绿线"，关于沿线资源开发的种种担忧都会被认真对待。那些有环境破坏风险的资源开发项目，还有招致当地人不满的基础设施或者私人投资，都是同"一带一路"倡议背道而驰的。

生态文明，教育先行

跟所有其他问题一样，观点被认同的基础是理解，而理解又离不开教育。为了让生态文明建设观念深入人心，中国采取了全新的教育方式，并在下面几个方向采取了相关措施：

1. 对广大人民群众进行教育，大力倡导勤俭节约。

2. 可再生以及高效率能源、水资源保护和循环系统的技术和高新技术教育。

3. 大力倡导社会主义核心价值观。

为了赢得人民对新方向、新价值观的理解和支持，中国运用各种媒体展开宣传攻势，还设置了各种激励措施来鼓励人们节水、节电或者回归传统生活方式。而社会主义核心价值观的理念也许更适应一部分共建"一带一路"倡议的国家和地区。

吸取过去的教训，生态文明建设的一个重要方面就是弘扬中华优秀传统文化，大力推进立德树人。这种办法适用于共建"一带一路"倡议的国家和地区。对本国文化的尊重和自豪感会促使年轻人更加珍视并努力发展自身的文化，带来各民族文化兴盛发展的局面，而不是创造出一个杂糅了各文化特色的单一全球化文化。

为了达到能源、环境和水资源管理技术的要求和标准，中国会为来自新兴经济体的留学生提供技术培训和经济支持。这样的教育有助于他们建立更高价值的环境体系，其中包括提升电池性能、数据管理、建筑和城市规划等。

正确看待"一带一路"和生态文明

生态文明建设是中国发展的重要内容，这项政策能否在共建"一带一路"倡议的国家和地区也取得预期的效果，还需拭目以待。

非洲大陆的大片土地都是农村，而且很多农村与世隔绝，需要建立非集中化的、本地化的可再生能源系统。中国在"一带一路"倡议内推广的技术就是可再生技术，非常适合欠发达地区。这对非洲的一些落后地区具有非常深远的意义。撒哈拉以南的非洲地区有不少家庭还没有通电，而依托"一带一路"体系建立公私合作伙伴关系带来的新技术，创造的新机遇，很可能改变这种现状。

在中东、中亚和非洲国家，许多学生在学习灌溉技术及水利工程。中国重视生态教育，让这些学生受益匪浅。中国正在积极推进生态城市建设。许多来自发展中国家的学生正在中国学习。中国为外国留学生提供各种经济支持，他们不但在经济上没有后顾之忧，还能够掌握新的城市规划方法。当他们回到祖国，他们的知识可以帮助当地将生态理念融入能源产业和城市规划中。

2022年以来，中国持续完善"一带一路"绿色发展国际联盟建设，实施绿色丝路使者计划。主办第三届"一带一路"能源合作伙伴关系论坛；与俄罗斯、印度尼西亚、巴西、坦桑尼亚、新加坡等14个国家签署绿色发展投资合作谅解备忘录；发起"一带一路"绿色投资原则，截至2022年末，已有45家金融机构和企业签署了该原则，成立非洲等区域办公室。

很可能成为全球最大的合作平台

"一带一路"倡议不仅具有改变亚洲经济格局的能力，还具有改变全球贸易格局的潜力。尽管其在发展道路上还面临着众多经济和政治障碍，中国也还需要努力找到方法防止资金使用不善的情况，但是，"一带一路"倡议已经超越了预期的规模。许多顶尖的金融和建筑公司都纷纷加入进来。

"一带一路"倡议能否取得预期的政策沟通、设施联通、贸易畅通、资金融通与民心相通的目标？对此问题，西方人莫衷一是，有人乐观，有人悲观。但是，考虑到中国为此倾注的大量心血，至少，我们应该密切关注其发展。

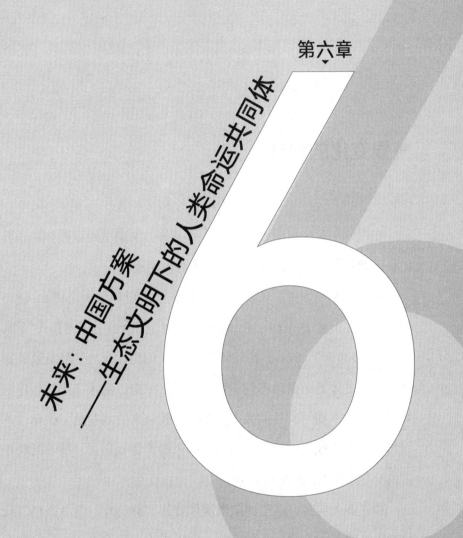

第六章

未来：中国方案
——生态文明下的人类命运共同体

气候变化的挑战

在气候变化的风险面前人类无所遁形。而要应对这些危机，我们必须要应对技术、伦理和政治上的种种挑战。

100 年前，反映未来景象的画卷里总是画着摩天大楼和飞机；50 年前，画上画的是太空船，悲观一些的人则会画上"蘑菇云"（编者注："蘑菇云"指核战争）。而现在，人们的注意力已经从这地球之中或者之外的东西转移到了地球本身。如今，从报纸杂志到电脑屏幕再到学术期刊，我们最常见到的反映未来的画卷是一张标注不同警示程度的地图，黄色、橘色和棕色的大背景之上，能够醒目地看到涂着不祥的深红色的板块。

对许多人而言，这些地图就像往昔的"蘑菇云"图片一样，既是对未来的预测，也是一种警告。在世界大多数地方，考察气候变化问题的人们基本上都得出了同样的结论：如果不对人类活动加以控制的话，正如这些可怕的地图所昭示的那样，人类活动将会继续加剧气候变暖。关于这一点，他们的看法是正确的，然而，情况到底危急到什么程度，我们还很不确定。

然而，将这些地图看作警告会带来一个问题——很多人会因此而夸大这些警告对人们的警示作用。他们认为，可以通过采取一些政治措施来扭转令人恐惧的气候变暖的趋势。毕竟，几十年来，人类成功地避免了"蘑菇云"在城市上空再次升起。凭借智慧、努力和一点点好运气，我们还可以一直保持这个胜利的势头。但是，气候变暖是个不一样的问题。跟战争不一样，它的发展势不可挡，是不可避免的。

很难说未来到底会变暖多少。气候发生质变的科学道理我们已经很清楚了——大气中增加了二氧化碳或者其他东西，地球就会变暖或者变冷，我们能够从科学上解释清楚。但是，要从量化的角度来预测大气的某种变化对气候到底会产生多大量的影响，我们就有点儿束手无策了。这使得我们的预测具有一定的不确定性。而未来几十年里，这个世界在能源使用、燃料混合、农林业生产模式以及整体经济增长方面的种种不确定性又为我们的预测添加了另一个不确定因素。让预测变得更复杂的是，气候的变化还会影响人们的行为。假如气候急剧恶化，人们就一定会采取一些目前条件下他们不愿意采取的激进措施来控制气候变化。与此同时，剧烈的变暖也可能会意味着我们将无法调动足够的资源来控制气候变化。

假如推动气候变化的主要力量都无消减的趋势，我们一定会在全球范围内面临严峻的气候考验。事实上，近年的气候异常状况日益增多。而假如我们能够采取更加审慎的措施，那么最坏的后果就有可能被避免，而且人类应对气候变化的态度也可能会发生深刻的变化：人类会开始为其已经统治了很久的这个星球的未来负起责任。

疾雷催雨急

　　人们还是很难接受气候变化的惯性。人们想当然地认为，既然这些变化是由人类的行为导致的，那么，这个问题也一定能够通过人类的努力来解决，并且一旦采取行动，效果会立竿见影。因此，很自然，今天关于这个问题的讨论不少是围绕着一个个行动宣言来展开。

　　这些宣言往往忽视了许多关键性的因素，而这些因素会使得这些行动很难付诸实施或者取得成效。那些带来气候变化的推动力量都已经深深根植于这个社会的基本运行模式和设施当中，因此，很难从根本上撼动它们。要对这个社会的底层设计进行有意义的改造不但会花费大量的金钱，还会伤害各种既得利益群体的利益，因此害处显而易见，而其好处却难以立见成效。所谓的好处要在很远的未来才能够显现，而享受这些好处的人并非如今为这些变化付出代价的人。考虑到这些局限因素，我们丝毫不会惊讶，遏制气候变化的种种行动绝不像人们凭空想出来的那些解决办法那么简单。

　　总的来说，在中国采取行动的同时，全世界也在行动。未来，清洁能源在总能源消耗中的比例要比现在高，而在那些能够负担得起更智能化、更高效的电网的国家里，这个比例还可能会高出一些。

然而，可以预见的是，海平面会上升。这可能会迫使几百万人背井离乡。海平面上升的原因之一就是地球冰川的融化。北极的夏季，海冰持续融化，这大大方便了船只的通行和矿产的开采，但是却使得原本是这片大陆不可或缺的组成部分迅速消失。有些地方冬季的降雪会增多（因为温暖的空气中可以承载更多水分，在适宜条件下变成降雪），但是积雪大都会很快融化，这样就增加了依靠它们提供水源的河流春季发生洪水，夏季出现枯水的风险。未来，人们将不得不同气候形态变化作斗争。

气候的博弈

如果气候系统反应不是那么灵敏的话，很可能最糟糕的情况并不会发生。有些人认为，气象科学中人云亦云现象的存在导致人们对这种可能性集体视而不见。另外一些人则会说，气象学家们也会因为不想让自己的观点太吓人而选择回避最可怕的可能性，从而对那些尽管可能性不大但是也不能完全排除掉的世界末日式的发展趋势轻描淡写。

有些人认为，我们还需要耐心等待，看看事态发展的情况，不要急于采取一些代价高昂而且有时候还可能有害处的行动，要等到我们搞清楚了这些措施的所有后果之后再来行动。但是，这个观点忽视了一个重要的方面：气候系统的惯性。也就是说，今天针对碳排放所采取的各种行动的效果要在几十年之后才能够显现出来，而在未来几十年里，无论多么强势的措施也不可能一蹴而就马上就显现效果。这些人的观点犯了一个致命的错误：他们把气候问题当作是一个能够找到直截了当解决办法的问题。

无论是从该问题牵涉的广度深度、衍生的诸多问题，还是政治层面的棘手程度来看，气候变化问题都绝对不是这样简单明了的问题。我们面临的挑战并非解决一个问题，而是应对各个层面上的一系列危机，从乡村到城市，从国家到地区乃至全世界。

新时代的中国：齐心协力，因为各方平等

博鳌亚洲论坛于每年春季在海南省举办。这场"东方达沃斯"已被越来越多的人所熟知。然而，作为一年一度的经济会议，博鳌亚洲论坛却有一套与世界经济论坛（即达沃斯）截然不同的想法。

世界经济论坛建立在推行全球化的原则之上，已经变成为西方商业与政治利益服务的平台。它为全世界的人制定一份年度议程，涵盖了从金融、商业到传媒的方方面面，并希望大家遵循。在世界经济论坛的背景下，"全球化"已经成为"全球美国化（the globalization of Americanization）"或"推行华盛顿共识相关思想"的代名词。由于这关乎北大西洋的长期利益，欧洲觉得自己不得不支持。不过，许多欧洲人和美国人都开始质疑这些思想在当今的价值。

多年来，世界经济论坛一直拥护着"自由贸易"，这就意味着一些跨国企业在获得西方资本市场融资后，便可以轻而易举地摧毁当地传统市场里的中小企业，凌驾于地方社区与文化之上。难怪每年世界经济论坛都会受到抗议活动的阻挠。这些抗议活动，由最早

的"反全球化运动"演变为"占领运动",如今又成了"反法西斯运动(Antifa Movement)"。抗议者呼吁的"公平贸易",从概念上就有别于"自由贸易"。世界社会论坛每年都会在发展中国家与世界经济论坛同期举行。

博鳌亚洲论坛的观点却与世界经济论坛和世界社会论坛所代表的观点都不相同。它是一个围绕亚洲地区商业利益建立起来的多边组织,为亚洲商业或贸易利益的参与者敞开大门。2022年4月21日,习近平主席在博鳌亚洲论坛年会开幕式上发表了主旨演讲,指出中国经济韧性强、潜力足、回旋余地广、长期向好的基本面不会改变,将为世界经济企稳复苏提供强大动能,为各国提供更广阔的市场机会。

面对全球治理挑战,习近平主席提出了共同应对的主张,指出:"世界各国乘坐在一条命运与共的大船上,要穿越惊涛骇浪、驶向光明未来,必须同舟共济,企图把谁扔下大海都是不可接受的。国际社会发展到今天已经成为一部复杂精巧、有机一体的机器,拆掉一个零部件就会使整个机器运转面临严重困难,被拆的人会受损,拆的人也会受损。当今世界,任何单边主义、极端利己主义都是根本行不通的,任何脱钩、断供、极限施压的行径都是根本行不通的,任何搞'小圈子'、以意识形态划线挑动对立对抗也都是根本行不通。我们要践行共商共建共享的全球治理观,弘扬全人类共同价值,倡导不同文明交流互鉴。"

中国曾以自己的方式摆脱贫困,走向了可持续的增长与发展。

这份历史经验可以在博鳌亚洲论坛这样的地方分享。不过，中国的解决方案并不能被其他国家用来生搬硬套。因为每个国家和地区都有自己的解决方案，这套方案应该建立在当地的文化、地理，以及人民和地域的情境之上。习近平主席在博鳌的讲话也着重强调了这种分享而不强加的态度。

在诸多方面，中国都在通过行动而不是言语，迈向一个世界领导者的角色。与某些鼓吹自己价值观的西方国家不同，中国做的比说的多。"一带一路"倡议正是利用交通运输和通信网络实现了经济融合。中国的生态文明建设还建立了一个通过绿色能源和环境保护来实现低碳发展的体系框架。这不仅是政府工作的优先事项，更是创新技术与金融的大趋势。

中国方案强调全球融合、加强贸易、开放市场承诺和金融融合，中国成为照亮多边贸易、运输与通信融合、技术进步和环境保护主义的灯塔。当美国为一己私欲到处指手画脚时，习近平主席一再表达了他对人类命运共同体的看法。

在世界充满不确定性和波动性的时刻，全世界的商业与金融精英都在寻求稳定的信号。推特上爆发的愤怒言论无法为世界投资商和商业领导者带来稳定和可持续性。但有一种方法可以做到，那就是带着远见卓识，支持明确和务实的计划，在保护环境的前提下可持续地共同增长，延续全球经济的融合。

"中国标准"——中国在新时代的发展之道

2023 年 12 月 5 日，穆迪将中国主权信用评级展望从"稳定"下调至"负面"，维持评级 A1 不变，这是自 2017 年 5 月以来穆迪首次下调中国主权信用评级展望。然而，中国的发展不会被所谓的诸如穆迪、标准普尔和惠誉等国际机构来评级。事实上，中国宏观经济持续恢复向好，高质量发展稳步推进，中国经济增长新动能正在发挥作用。中国有能力持续深化改革、应对风险挑战。因此，中国并不需要他们的评级，这样的评级不符合中国市场的要求。新时代需要新规则。

截至 2023 年 6 月，十年里，中国已与 152 个国家、32 个国际组织签署了 200 多份共建"一带一路"合作文件。中国与"一带一路"共建国家的合作可谓硕果累累。中国商务部披露的数据显示，2013—2022 年，中国与"一带一路"共建国家的货物贸易额从 1.04 万亿美元增至 2.07 万亿美元，年均增长 8%。如今，"一带一路"网络里的国家数量约占全球国家数量的 77%；人口数量约占全球人口总量的 65%，那么，当发展中国家可以自己制定新标准时，为什么要听从发达国家设定的标准呢？这便是现在正在发生的事情，这也是"中国方案"能够真正代表世界新兴发展中国家的原因之一。

为新时代设立新标准的想法也引起了中国企业界的关注。比如，海尔的首席执行官张瑞敏宣布，海尔不再遵循所谓的国际标准，而要创造自己的管理标准。在过去的几十年里，名人首席执行官所推崇的管理理论，被西方主流媒体大肆宣扬，但不好意思，现在已经是新时代。2016 年，海尔用 54 亿美元收购美国通用电气家电业务，通用电气首席执行官杰克·韦尔奇（Jack Welch）的管理理论，永远停留在了另一个时代。

中国方案

随着全球经济增长放缓，全世界都开始寻求新的发展方案。发展中国家早已拥有许多千篇一律的发展模式，这些模式被某些西方机构推崇，也被当地政府接受。但这些西方模式往往主张民主透明的管理（虽然西方国家自身也没有践行），却忽视欠发达国家亟须解决的核心问题。他们真正需要的，是摆脱贫困，步入可持续发展的轨道。然而，在缺少基础设施如交通、通信、电力、水和医疗的情况下，人们的生活水平难以得到改善。那些在欧美国家或许可行的方案，在中国或其他发展中国家却很可能无法奏效。

中国共产党第十九次全国代表大会上，习近平主席在阐述"中国特色社会主义新时代"时，将重点放在了消除贫困、缩小收入差距、生态和绿色能源、中国传统文化遗产的复苏以及与其他欠发达国家分享发展经验的国际作用上。这是中国共产党第一次强调中国在全球整体背景下所扮演的角色。他们提出了"中国方案"这一概念以应对全球性的挑战。

"中国方案"并不是指任何国家都应该遵循中国的经济发展模

式。相反，"中国方案"代表了一个国家应对自己特有的国情和挑战的解决之道。同样，其他国家也应该从自己国家与人民的历史文化背景出发，摸索出一套自己的解决方案。"中国方案"并不想将中国的发展模式强加于其他国家，而是强调每个国家都应有一套本土化的解决方案。政府应让了解本国国情的人们来提供解决方案，而不是照搬外国的智库或是多边机构的理论，因为他们可能对当地的情况与背景所知甚少。

世界上许多发展中国家都曾被传统的"休克疗法"所困扰，这类方案是一些西方机构模具化的产物，却又强加给了发展中国家。这些方案往往与当地政治状况和意识形态理论框架有着千丝万缕的联系，因此在另一个地方很难奏效。

习近平主席提出，"中国方案"也许能为其他正在探索发展之路的国家提供一条途径，或至少是一个例子。此外，他还强调，"中国方案"绝不是先前西方某些机构所推崇的那样，它不是一个要求其他国家遵循的单一模式，但的的确确能为基础设施的发展提供一个参考。"中国方案"的重点在于"生态文明"。这便意味着，基础设施的发展需要避免工业污染。中国曾经历了这个阶段。此外，这项方案里也包含着如何建设智慧、绿色和蓝色生态城市的构想。

"中国方案"实则是在分享中国自身克服欠发达处境，缩小城乡差距，通过计划和市场相结合的方法来矫正社会失衡和环境破坏等问题的经验。这些都是经过实践检验的经验，与政治意识形态无关。消除贫困，促进安全稳定，繁荣发展是其中的重点。而这些也正是发展中国家在寻求务实的发展道路中所需要的。

"中国方案"本身并不是一种模式，而是一种可应用的经验。解决方案要基于当地的文化和现状，毕竟世界各地都是不同的。不过，中国有资格分享一些自己的经验。从 20 世纪 80 年代以来，中国的转型涉及大量基础设施的固定资产投资。中国的许多省份都在内陆地区。如果没有道路、铁路、通信网络和沿海地区的港口，外商投资和出口将不会有这几十年的高速增长。许多发展中国家都面临着相似的挑战，如非洲、中亚和南亚的一些国家。中国的经验对于它们有着重要的借鉴意义。

在创造"中国方案"的诸多方面，习近平主席强调，中国尊重各民族文化遗产所创造的多元系统，而不是像某些西方机构逼迫发展中国家采用千篇一律的发展模式。"中国方案"并不基于一种单一的发展模式，而是一种发展理念。在这种理念下，我们应对变化做出回应，而不是对危机做出反应。

这项方案的关键点在于，"中国方案"并不是指其他国家需要来自中国的方案，而是指其他国家不需要来自外界的方案。发展中国家的发展方案应扎根于基层，并同时要求政府的指引和对基础设施建设的投资。发展方案取决于每个国家与民族的文化、经济和国情。这便是"中国方案"的含义。

让阳光照耀地球

　　2023 年 11 月 15 日，生态环境部公布了中美关于加强合作应对气候危机的阳光之乡声明。如今，全球气候危机不断加速演进。2023 年，全球经历了史上最热的 6 月、7 月、8 月，全球气温屡创历史最高纪录，气候危机成为世界面临的最为严峻的挑战之一，全球气候治理进程进入关键变革期。同住地球村，地球是全人类共同的家园，国际合作是应对气候变化的唯一选择。2023 年 11 月底，《联合国气候变化框架公约》第 28 次缔约方会议（COP28）在阿联酋迪拜举行。过去二十年来，联合国气候变化大会的规模成倍增长，从小型工作会议发展到目前在联合国主持下举行的最大的年度会议，现在已跻身全球规模最大的国际会议之一。政府间谈判同样变得越来越复杂，涉及越来越多的来自世界各国各级政府的官员，以及大量来自民间社团和全球新闻媒体的代表。联合国气候变化大会是讨论气候变化问题的最重要的全球论坛，日程非常繁忙。在 COP28 之前的关键时期，中美两国的气候外交政策选择格外引人注目。

2021 年拜登就任美国总统后立即宣布重返《巴黎协定》,迄今为止,作为世界第一、第二大的经济体,全球最大的发达国家和最大的发展中国家,美国和中国在应对气候危机上开展了一些合作,但总体进展缓慢,甚至一度中断了气候磋商。例如在阳光之乡声明中提出中美两国决定启动"21 世纪 20 年代强化气候行动工作组",开展对话与合作,以加速 21 世纪 20 年代的具体气候行动,其实成立这个工作组是 2021 年《中美格拉斯哥联合宣言》中的任务,可惜两年来一拖再拖。

众所周知,美国在气候政策上一直摇摆不定,在应对气候危机的国际气候行动上乏善可陈。2023 年 10 月,联合国绿色气候基金(Green Climate Fund)在德国波恩举行捐助会议,仅筹集了 93 亿美元,远不足以帮助气候脆弱国家应对气候变化。少数几个发达国家未提供新资金,美国正是其中之一。2014 年,美国承诺向绿色气候基金提供 30 亿美元,但截至目前仅注入 20 亿美元。美国总统拜登向发展中国家承诺的 114 亿美元资金,美国国会仅批准了 10 亿美元。与在气候资金上的吝啬形成鲜明对比的是,美国的化石燃料补贴仍未取消,每年巨额的显性和隐性补贴流入化石燃料公司。美国要想在应对气候危机上有所建树,还需要克服很大的阻力,用行动说话,而不是光说不练,当个"嘴把式"。

《巴黎协定》其中一项机制是 5 年开展一次全球盘点,"盘点"全球各国为减少碳排放、延缓全球变暖所做的努力,而 2023 年的 COP28 要开展首次全球盘点。阳光之乡声明用了非常大的篇幅推进

COP28 表态，传递出积极的信号：

二十二、中美两国将会同阿拉伯联合酋长国邀请各国参加在 COP28 期间举行的"甲烷和非二氧化碳温室气体峰会"。

二十三、中美两国将积极参与巴黎协定首次全球盘点，这是缔约方对力度、落实和合作进行回头看的重要机会，以符合巴黎协定温控目标，即将全球平均气温上升控制在低于 2℃之内并努力限制在 1.5℃之内，并与缔约方决心保持 1.5℃温控目标可实现相一致。

二十四、两国致力于共同努力并与其他缔约方一道，以协商一致方式达成全球盘点决定。两国认为，该决定：

——应体现在实现巴黎协定目标方面取得的实质性积极进展，包括该协定促进了缔约方和非缔约方利益攸关方的行动，以及世界在温升轨迹方面相比没有协定明显处于较好的状况；

——应考虑公平，并参考现有最佳科学，包括最新 IPCC 报告；

——应在各个主题领域保持平衡，包括回顾性和响应性要素，并与巴黎协定设计保持一致；

——应体现实现巴黎协定目标需要结合不同国情，在行动和支持方面大幅增强雄心和加强落实；

——应在能源转型（可再生能源、煤／油／气）、森林等碳汇、甲烷等非二氧化碳气体，以及低碳技术等方面发出信号；

——认识到国家自主贡献的国家自主决定性质并回顾巴黎协定第四条第 4 款，应鼓励 2035 年全经济范围国家自主贡献涵盖所有温室气体；

——应体现适应至关重要，并辅以一项强有力的决定，以提出一个有力度的全球适应目标框架——加速适应，包括制定目标／指标以加强适应有效性；为发展中国家缔约方提供早期预警系统；加强关键领域（例如粮食、水、基础设施、健康和生态系统）适应努力；

——应注意到发达国家预期 2023 年实现 1000 亿美元气候资金目标，重申敦促发达国家缔约方将其提供的适应资金至少翻倍；期待 COP29 通过新的集体量化资金目标；并使资金流动符合巴黎协定目标；

——应欢迎并赞赏过渡委员会关于建立解决损失和损害问题的资金安排，包括为此设立一项基金的建议；

——应强调国际合作的重要作用，包括气候危机的全球性要求尽可能广泛的合作，而这种合作是实现有力度的减缓行动和气候韧性发展的关键推动因素。

每次的气候大会能不能形成成果，很大程度上取决于各国尤其是大国之间能不能在之前关于气候问题达成一定共识。阳光之乡声明就是中美两国在加强合作应对气候危机上的共识。声明中提到的能源转型、甲烷和其他非二氧化碳温室气体排放、资金、循环经济和资源利用效率、地方合作、全球盘点等都是气候谈判的重要议题，提前磋商形成共识有助于提高气候大会的效率，为推动 COP28 取得成果打下良好的基础。

在气候危机阴霾的笼罩下，世界迫切需要各个国家切实担负起自己的责任，用行动驱散阴霾，让阳光照耀地球。

人类命运共同体前人人平等

　　2017 年，习近平主席在联合国日内瓦总部发表了演讲。在联合国会议上，习近平主席提出了共赢共享发展的愿景，而这一愿景是建立在承认所有国家经济互通之上的，他们由此形成一个相互依存并日益融合的国际社会。习近平主席称其为"人类命运共同体"。

　　我们可以将人类命运共同体的背景框架支撑点视为：多元化、文化与社会差异的相互尊重和多边主义，其中包括消除贫困、保障粮食和饮水安全的目标，以及通过经济赋权和尊重文化差异来减少暴力和冲突。

　　世界上的许多经济混乱、难民危机和恐怖主义，大多源自一种病态无知且没有远见的牛仔式行径：我的方法是最好的，所以我就可以横行霸道，肆意践踏其他国家。当人们被剥夺经济权利、身份遭到边缘化时，冲突、战争和恐怖活动便会出现。狭隘的利己主义是我们世界政治动荡的原因之一。对基础设施与互联互通方面进行投资，为当地居民赋权，并同时尊重他们文化的完整性，会大大减少冲突与恐怖活动。

　　人类命运共同体的构想自然是借鉴了中国自身由贫困迈向经济实力增长的经验。如果没有基础设施如交通、通信、电力、水和医疗保障等，人民的生活将无法得到改善。值得注意的是，以上提到的基础设施必须是智能、绿色和蓝色的。

　　生态文明建设是中国减少对化石燃料的依赖、恢复环境、敬畏自然与文化的一项政策。它不仅仅要求保护环境，更将环境保护视作技术、创新、新兴工业（包括可再生能源网、交通和家用电器）的下一个驱动力。今天，中国作为世界主要绿色债券发行国之一，债券的资金必将用于可再生基础设施的发展。中国正与全球其他国家一起进行抗击气候变化的斗争。

　　中国正在通过"一带一路"倡议，与全球分享自己的经验。一个互联互通的综合网络正在形成，它能够有效促进发展中国家之间的投资和发展，也能帮助所有参与者增加经济韧性。这些，都让人类命运共同体成为可能。

　　中国并没有在这其中掺杂政治条件或强化自己的文化价值观。这一切都只是投资基础设施和互联互通的建设，使得人们摆脱欠发达和贫困状态，使他们的国家更具竞争力。只有相互尊重彼此的文化遗产与多样性，我们才能以多元的本土化取代单一的全球化。